石油石化行业高危作业丛书

# 吊装作业

《吊装作业》编写组◎编

石油工业出版社

## 内 容 提 要

本书围绕吊装作业安全相关要求，主要介绍吊装作业安全技术、吊装作业安全管理、吊装作业常见违章隐患、吊装作业事故案例及应急处置等内容。

本书适合石油石化行业安全管理专业人员阅读，也可供相关专业人员参考。

## 图书在版编目（CIP）数据

吊装作业 /《吊装作业》编写组编 . —— 北京：石油工业出版社，2024.11. ——（石油石化行业高危作业丛书）. —— ISBN 978−7−5183−7085−6

Ⅰ . TE687

中国国家版本馆 CIP 数据核字第 2024NS6328 号

---

出版发行：石油工业出版社

   （北京安定门外安华里 2 区 1 号楼　100011）

   网　址：www.petropub.com

   编辑部：（010）64523552　　图书营销中心：（010）64523633

经　　销：全国新华书店

印　　刷：北京晨旭印刷厂

---

2024 年 11 月第 1 版　2024 年 11 月第 1 次印刷

787×1092 毫米　开本：1/16　印张：17.75

字数：302 千字

---

定价：75.00 元

# 《吊装作业》

## 编 写 组

主　编：徐非凡

副主编：谭梦君　郑　斌

成　员：马文胜　杨厚天　何运杰　钟　凯　罗　莉

　　　　汤华贵　李　俊　杨鹏祺　吴昌锦　刘　宇

　　　　朱东明　韦宁宁　王　勇　杨　骁　金雪梅

　　　　倪睿凯　陈　亮　杨宗安　杨兴友　陈胜伟

　　　　崔国江　汤智杰　苏治国　陆云刚　王厚军

　　　　张仕经　郭　瑞　刘相周　毛立青　王雪梅

　　　　石建平　徐智锋　陈保民　田　伟　晁天晓

　　　　沈玉辉　杨　洋　王晓鹏　魏振强　张健威

# 丛书序

习近平总书记强调，生命重于泰山。针对石油石化行业安全生产事故主要特点和突出问题，行业人员要树牢安全发展理念，强化风险防控，层层压实责任，狠抓整改落实，从根本上消除事故隐患，有效遏制重特大事故发生。

石油石化行业是目前全球能源领域最重要的产业之一，对全球经济发展和能源需求有着重要影响。正因为特殊的性质和复杂的工作环境，石油石化行业存在一系列高危作业，给从业人员带来了极大的工作压力和安全风险。在石油石化行业的生产过程中，高危作业不可避免地存在，例如钻井、炼油、储运等环节，涉及高温高压、易燃易爆、有毒有害等危险因素，这些高危作业的从业人员在面临如此危险复杂的因素时，需要具备专业的技能和职业素养。

为坚决贯彻落实习近平总书记关于安全生产重要论述和重要指示批示精神，进一步增强石油石化行业从业者的安全意识，提高技术水平，深化安全管理和风险控制，加强高危作业管理，有效防范遏制各类事故事件的发生，编写了"石油石化行业高危作业丛书"，旨在通过系统性的专业知识分享和实践经验总结，帮助从业人员梳理思路、规范操作，达到预防和控制高危作业风险的目的。

本丛书邀请长期从事石油石化行业高危作业的技术专家和管理人员，结合实践经验和理论研究，对石油石化行业高危作业进行系统性的剖析和解读，汇聚了石油石化各领域专家的智慧和心血。本丛书包括《动火作业》《受限空间作业》《高处作业》《吊装作业》《临时用电作业》等分册。各分册概述高危作业特点、定义及相关制度规范，详细阐述作业管理要求、安全技术、特殊情况处理及应急处置，列举分析常见违章及典型事故案例。

本丛书不仅突出了安全生产管理的重要性，而且注重实践技能培养，帮助读者全面了解石油石化行业高危作业的特点和风险，增强从业人员的安全意识，提高风险防控能力。无论是从事高危作业管理的管理者，还是一线技术人员，本丛书都将成为必不可少的工具书。

中国石油天然气集团有限公司质量健康安全环保部及行业的有关专家，对本丛书的编写给予了指导和支持，在此表示衷心感谢。同时也感谢本丛书的编写单位及编写人员和审稿专家，他们的辛勤努力和专业知识为本丛书的编写提供了坚实的基础。还要感谢石油工业出版社的大力支持，使本丛书得以顺利面世。

期待本丛书能够对广大读者有所启示，成为石油石化行业从业人员学习和实践过程中不可或缺的参考书，为石油石化行业安全生产和健康发展筑牢坚实保障。让我们共同努力，为石油石化行业的安全生产贡献力量！

# 前言

　　石油石化行业生产过程中很多设备装置朝着规模化、大型化发展，使得石油石化行业吊装作业规模不断扩大，面临多重危险因素，生产作业条件复杂多变，特别是吊装作业频次高、作业场景多样、风险特点突出、管控难度大，易发生起重伤害、物体打击、起重设备倾翻等事故。

　　近年来，随着石油石化行业高速发展，吊装作业引发事故较为突出。主要原因是作业许可制度执行不到位、手续不齐全、风险辨识不到位、责任不明确、监督不到位、控制措施不落实等，给人民群众生命和财产安全构成巨大威胁。抓好吊装作业的安全管理，已经成为做好当前安全管理工作的关键环节。通过建立系统规范的作业许可管理制度，可以强化过程控制，有效开展危害因素辨识与风险评估，突出现场管理，严格控制吊装作业各种风险，排查和消除各种事故隐患，最大限度地减少和避免事故发生。

　　本书是"石油石化行业高危作业丛书"的分册之一，重点从国家、行业和企业标准、规范和制度要求入手，对相关术语和技术要求进行了详细的对比、整合、阐释，介绍了吊装作业的适用范围、管理流程、技术要求、安全措施和事故案例，详细说明了吊装作业风险控制的技术要求。本书对一些关键部分和不易理解的内容附以一些典型做法并配以图片，更加直观、易于理解、方便掌握，具有较强的针对性、操作性和实用性。本书适合石油石化行业从事吊装作业的管理人员和操作人员阅读使用。

　　在本书编写过程中，得到了有关部门和所属企业的支持和配合，在此表示衷心的感谢。由于吊装作业涉及范围广、内容比较多、编写过程时间仓促，加上编写人员水平有限，难免存在疏漏或不足之处，敬请读者批评指正。

# 目 录

# 第一章 概 述

第一节 吊装作业发展现状及特点

## 一、吊装作业发展现状

随着我国经济持续稳定增长，能源需求的不断增加，重工业进入快速发展阶段，石油石化装置朝着规模化、大型化发展，带动了石油石化行业吊装作业规模不断扩大，面临多重要素的转型升级，促成上扬"第二曲线"。在装备制造业数字化、智能化、绿色化转型升级的背景下，国家"十四五"规划和2035年远景目标纲要提出了一系列重大工程项目，为石油石化行业提供了巨大的市场需求。石油石化行业的吊装作业项目集约化、装置大型化、安装模块化成为其主要趋势，其中石油石化行业重大项目建设工程对于大型吊装作业的需求越来越多，装置中的各类设备如塔设备、反应器等，也变得越来越重、越来越大，主要集中在炼化一体化项目，如广东石化炼化一体化项目抽余液塔、加氢精制反应器、加氢裂化反应器等千万吨级设备吊装作业，成为行业发展的重要推动力。

近年来，随着科技的不断进步，吊装设备的产品种类也不断丰富，吊装领域的技术创新不断涌现，智能化和自动化技术的不断引入，使起重机械具备了更高的安全性和操作效率。吊装领域技术方案的设计应用到信息科学、材料学、理论力学、物理学、机械设备等多方面知识，新型吊索具不断发明，从而提高吊装服务水平及吊装质量。例如：远程监控系统可以实时监测起重吊装的运行状态，及时发现问题并采取措施；雷达和激光导航技术使起重吊装能够自主规划行进路径，提高了作业的准确性和自动化水平。吊装作业安全技术得到了长足的发展，也为石油石化行业扩大工程建设市场提供了更加便捷和安全的解决方案。

随着吊装技术的不断更新和吊装环境的多元化，为保证吊装作业的高效、安全和可持续，需要严格遵守吊装标准化和规范化要求。国家及行业标准的实施，为确保吊装作业的高效、稳定、安全和可持续发展提供了技术保障，对于各类重大建设项目的开发具有重要的推动作用。

## 二、石油石化行业吊装作业特点

石油石化行业吊装作业是一个综合性极强的工程活动，涉及多个方面，包括但不限于作业环境、吊装工艺、技术要求、安全风险、吊装周期。

（一）作业环境复杂

石油石化行业新建项目的布局紧凑，设备密集，这给吊装作业带来了很大的挑战。操作人员需要充分考虑作业环境，选择合适的吊装方案和路径。石油石化行业改造项目的吊装作业往往发生在炼油厂、化工厂、联合站、油库等，这些场所通常伴随着高温、高压、易燃易爆等危险因素。此外，不同作业场所的空间布局、设备位置和障碍物等也会影响吊装作业的进行。

（二）吊装工艺特殊

石油石化行业的吊装作业往往涉及大型设备和重型构件的吊装，这些设备和构件具有尺寸大、本体重、形状复杂等特点，设备的稳定性和平衡性至关重要，一旦设备在吊装过程中出现晃动或倾斜，可能会导致严重的后果。因此，吊装工艺需要根据具体的设备和构件特点进行特殊设计，确保吊装过程的稳定性和安全性。

（三）技术要求严格

石油石化行业的吊装作业对技术要求非常严格。精确的吊装精度、稳定的吊装速度、合理的吊装路径规划等都是确保作业成功的关键因素。这需要吊装设备操作人员具备高超的吊装技能，不仅对吊装设备有深入的了解，还要掌握各种吊装工艺和技术，确保吊装作业的顺利进行。

（四）安全风险较高

由于石油石化行业的特殊性，石油石化建设项目核心设备吊装具有直径大、本体重、交叉作业配合多、高空作业量大的特点，能否安全高效完成施工作业，决定着项目建设的成败。由于投资控制的需要，近年来，石油炼化装置的安装有减少占地面积向空间发展的趋势，吊装作业的任务量和起重伤害、物体打击、高处坠落等作业风险也随之增加，安全管理与控制的难度进一步增大。

（五）吊装周期较长

石油石化行业的吊装作业周期长，尤其是大型核心设备的吊装作业。首先体现在前期准备工作的充分性上。在作业开始之前，需要进行详尽的项目规划、设备检查、人员培训、安全预案制订等多项准备工作。由于作业环境特殊，设备选型需考虑众多因素，如设备承重、作业高度、工作环境等，需耗费大量时间。作业周期少则几周，多则数月。长时间的作业不仅要求操作人员保持高度的注意力和体力，还要求有完善的后勤保障和应急预案，以应对可能出现的各种突发情况。

## 第二节 吊装作业基本概念

### 一、吊装作业定义

起重机械是一种危险性较大、多种作业配合的特种机械设备，在一定范围内间歇、重复工作，它通过起重吊钩或其他吊具起升、下降和水平位移运送工件、物料，在工业领域应用广泛。起重机械的使用在实际工作中称为"吊装作业"，"吊装作业"在不同标准、规范中表述也不一致，通常有"起重施工""起重施工作业""吊装施工""吊装"和"吊装作业"几种表述。本书结合 GB 30871—2022《危险化学品企业特殊作业安全规范》及实际工作中习惯表述，将"吊装作业"定义为"工程项目施工（或检维修）时，利用各种起重机械将设备、工件、器具、材料等吊起，使其发生位置变化并安装到规定位置的施工作业。"

### 二、吊装作业的术语

（一）起重机械

起重机械是指在空间垂直升降或垂直升降并水平移动重物的机械，又名起重机。

（二）拖拉绳

拖拉绳是指用于锁定桅杆或工件使其在吊装受力和风载荷及自身重量等力的作用下，保持吊装工艺所要求的稳定状态的钢绳索。

（三）溜绳

溜绳是指吊装作业中连接工件，控制并保持工件状态的绳索。

（四）尾排

尾排是指滑移法吊装立式设备时，承载设备尾部配合设备吊装的排子。

（五）溜尾

溜尾是指滑移法吊装立式设备时，配合设备的提升所采取的控制设备尾部运行的作业方法。

（六）脱排

脱排是指滑移法吊装立式设备的吊装作业中，尾排运行至规定位置时，在提升力和溜尾力的作用下，设备尾部离开尾排的工作状态。

（七）抬尾

抬尾是指立式工件吊装作业中，采取流动式起重机吊起工件尾部，配合主吊起重机械移送的吊装作业。

（八）索具

索具是指起重用绳索及其配合使用的起重部件如绳夹、滑轮组、卸扣、吊索等的总称。

（九）吊索

吊索是指起重施工作业时，连接吊钩或承载设施与工件的柔性元件。

（十）吊具

吊具是指用于连接吊钩或承载设施和工件与吊索的刚性元件的统称。

（十一）吊耳

吊耳是指起重施工作业中安装在工件上用于提升工件的吊点结构。

（十二）吊盖

吊盖是指以被吊设备上的法兰为连接件，用以固定到设备上的吊耳型式，通常为焊接件或锻件。

（十三）试吊

试吊是指正式吊装前，将工件起升离开支撑适当距离时，检查各部位受力情况的吊装作业。

（十四）工件

工件是指设备、构件等起重施工作业的对象。

（十五）超载

超载是指吊起的重物超过起重机械的额定起重量。

（十六）吊装高度

吊装高度是指吊装作业时，工件顶部需起升的最大高度。

（十七）额定起重量

额定起重量是指起重机械在正常工作条件下允许吊起的最大重量。

（十八）起重高度

起重高度是指起重吊钩中心至停机平面的垂直距离。

（十九）回转半径

回转半径是指起重机回转中心至吊钩的水平距离。

（二十）地基处理

地基处理是指在吊装施工中，为达到起重机械或设备运行和站位要求，对吊装作业所涉及的原始场地进行处置，改变此场地的组成或结构。

（二十一）地基

地基是指吊装作业所涉及的场地下方的土体或岩体。

（二十二）基础

基础是指将上部结构所承受的外力载荷及上部结构自重传递到地基上的机构组成部分。

（二十三）地基承载力

地基承载力是指地基单位面积上随载荷增加所发挥的承载潜力。

（二十四）桩基法

桩基法是指把方桩、管桩等预制桩打入地下持力层，在桩顶制作钢筋混凝土承台，形成刚性基础的地基处理方法。

（二十五）隐蔽设施

隐蔽设施是指在地基处理前或地基处理后处于隐蔽状态而不易观察的井、沟、渠、管道、阀门等设施。

## 第三节 吊装作业的分类和分级

随着石油石化行业的需求和起重机械制造业的发展，项目建设规模越来越大，建设周期要求越来越短，设备单体也越来越大、越来越高。在项目建设期为了追求更高效益和效率，适用于石油石化行业的各类起重机械也发展到种类繁多，可满足各种环境、材料和设备的吊装，同时在编写吊装方案时会综合考虑选择最科学、最经济的起重机械完成吊装作业。

### 一、吊装作业的分类

（一）按使用起重机械类型分类

在石油石化行业使用的起重机械有流动式起重机、塔式起重机、臂架起重机、桥式和门式起重机、缆索起重机、液压提升系统。

（1）流动式起重机分类主要基于其行走机构和设计特点，包含履带起重机（图 1-1）、汽车起重机、轮胎起重机、全地面起重机（图 1-2）和随车起重机。

图 1-1　SCC20000A 2000t 履带起重机　　图 1-2　QAY500 500t 全地面起重机

（2）塔式起重机（图 1-3）按组装方式分为自行架设塔机和组装式塔机。

（3）臂架起重机（图 1-4）由臂架本体、动力起升系统、稳定系统组成。

（4）桥式和门式起重机（图 1-5）主要用于大型建筑结构和大型设备的液压整体提升，这两类也是目前大型设备和构件整体提升中所占比例最高的。

图 1-3 T2850-160V 塔式起重机

图 1-4 臂架起重机

图 1-5 门式起重机

（5）缆索起重机、轻小型起重设备按传递动力方式，分为钢丝式升降机、液压式升降机、齿轮条式升降机。

（6）液压提升系统（图 1-6）有单门型和双门型不同的组合方式。门式液压顶升吊装系统通过不同的组合方式，可以达到不同的吊装能力，从而满足不同重量的设备吊装要求。

（二）按作业类别分类

吊装作业按作业类别可分为一般吊装作业和大型吊装作业两类。

图 1-6　液压提升系统

1. 一般吊装作业

一般吊装作业是指符合下列条件的吊装作业：

（1）工件质量＜100t。

（2）单件吊装工件高度（或长度）＜60m。

2. 大型吊装作业

大型吊装作业是指符合下列条件之一的吊装作业：

（1）工件质量≥100t。

（2）单件吊装工件高度（或长度）≥60m（不包括管线）。

（3）非常规工件的吊装，如薄壁、柔性结构或位置特殊的工件。

（4）建设单位或总承包单位在招标文件或合同中规定的吊装项目。

（5）施工单位规定为重大等级的吊装项目。

## 二、吊装作业的分级

按照吊物质量或长度在吊装作业中的安全风险程度进行分级，依据 GB 30871—2022《危险化学品企业特殊作业安全规范》，按照吊物质量或长度将吊装作业分为一级、二级、三级。

### （一）一级吊装作业

一级吊装作业指在正常、稳定的作业条件下进行的吊装作业，其难度和危险程度相对较低。具体的重量划分可能因不同标准或企业内部规定而异，但一般涵盖使用较小额定起重量的起重机进行的作业。

一级吊装作业主要涉及吊物质量 $m>100t$ 或者长度大于 60m（含 60m）的吊装作业；如果实际起重量超过额定起重能力的 80%，以及两台及以上的起重机联合起吊的，按一级吊装作业管理。

（二）二级吊装作业

二级吊装作业指在中等难度和危险程度的作业条件下进行的吊装作业。这类作业通常需要采用更为复杂的吊装方法和设备，如平衡梁、索具等，因此风险相对较大。

二级吊装作业主要涉及吊装质量 $40t \leqslant m \leqslant 100t$ 的吊装作业。

（三）三级吊装作业

三级吊装作业指在高难度和危险程度的作业条件下进行的吊装作业，如使用超大额定起重量的起重机、进行高处作业、跨越线路、穿过障碍物等。这类作业的风险最大，需要特别严格的操作技能和管理措施。

三级吊装作业主要涉及吊装质量 $m<40t$ 的作业。

除以上一级、二级吊装以外，以下情况由于受环境、吊物自身材质和不规则形状等因素影响，可在吊物质量、长度的吊装分级基础上，按照风险程度提升吊装作业等级：

（1）吊装区域影响范围内如有含危险物料的设备、管道。

（2）吊装物体质量虽不足 40t，但形状复杂、刚度小、长径比大、精密贵重的三级吊装作业。

（3）在作业条件特殊的情况下的三级吊装作业，环境温度低于 −20℃ 的吊装作业。

## 第四节 石油石化常见吊装设备及特点

### 一、流动式起重机

流动式起重机是一种工作场所经常变换，能在带载或空载情况下沿无轨路面运行，并依靠自重保持稳定的臂架型起重机。其特点是机动性好，使用范围广，可以方便地转移场地。

流动式起重机主要有履带式起重机、汽车起重机和轮胎起重机等，在质检总局

图 1-7　三一伸缩臂履带
起重机（STB650T5-8）

《特种设备目录》（2014 年第 114 号）中，汽车起重机不再列入流动式起重机按照特种设备进行管理，但考虑其在石油石化行业运用广泛，且作业风险大，企业可参照特种设备对其进行管理。

### （一）履带式起重机

履带式起重机是一种将起重作业部分装在履带底盘上，行走依靠履带装置的流动式起重机（图 1-7）。履带起重机机动灵活，使用方便，能回转 360°，可载荷行驶，对道路的要求较低。

在油田建设行业中，履带式起重机发挥着重要作用，其强大的起重能力、稳定性和适应性及操作灵活性使得履带式起重机成为油田建设中不可或缺的重要设备之一。常用履带式起重机型号为 50~300t。履带式起重机具有较好的稳定性和适应性，油田建设中的钻机搬迁往往面临复杂的环境和地形条件，履带式起重机的履带底盘设计使其能够在崎岖不平的地面稳定工作，同时也能够适应各种气候和环境条件。此外，履带式起重机的操作灵活，可以快速准确地定位和安装钻井设备。

### （二）汽车起重机

汽车起重机是一种装在普通汽车底盘或特制汽车底盘上的一种起重机，其行驶驾驶室与起重操纵室分开设置。这种起重机的优点是机动性好，转移迅速，可以进入狭窄场地；但工作时须支腿，不能负荷行驶，也不适合在松软或泥泞的场地上工作（图 1-8）。

图 1-8　三一汽车起重机（STC1300C8-8）

汽车起重机的起重量范围很大,可从 8~1600t,底盘的车轴数,可从 2~10 根。是产量最大、使用最广泛的起重机类型,是油田建设中最常用的起重机。汽车起重机主要用于吊装和配合安装各种重型设备,如配合钻井设备拆搬安的全过程,配合油田设备维修和保养过程中的吊装和拆卸部件。

(三)轮胎起重机

轮胎起重机是一种采用全回转式动臂起重机,它利用加重型轮胎和轮轴组成的特制底盘作为基础,由上部构造、起升机构、变幅机构、平衡重和转台等部分组成(图 1-9)。与履带式起重机相比,轮胎起重机的底盘更为轻便,移动更为灵活,且不需要铺设轨道,适用于多种不同场所的吊装作业。该设备主要适用于港口、码头、仓库、货场等操作频繁、不经常移动的场所,对成件、散装等货物进行装卸作业,不适合在油田建设行业中使用。

图 1-9 三一轮胎正面吊(SRSC45V5)

(四)安全附件

流动式起重机的安全附件主要包括力矩限制器、起升高度限制器、下降深度限位器、水平仪和支腿回缩锁定装置等。

•力矩限制器:监控和控制起重机的力矩,保证在安全范围内操作,防止因力矩过大导致起重机倾覆。

•起升高度限制器:用来限制起重物体的升降高度,以免超出安全作业范围。

•下降深度限位器(三圈保护器):用于控制起重物体在下降过程中的深度,防止钢丝绳过放，有效预防因下降过深而造成的事故。

·水平仪：用于确保起重机在操作过程中保持稳定性与平衡的关键设备。

·支腿回缩锁定装置：保证起重机在作业过程中支腿稳固地支撑在地面上，防止回缩造成事故。

在使用流动式起重机前，应检查这些安全附件的完好情况，确保它们能够正常工作。

## 二、桥式（门式）起重机

### （一）桥式起重机

桥式起重机又名"行车"，是横架于车间、仓库和料场上空进行物料吊运的起重设备，它是桥架两端通过运行装置直接支承在高架轨道上的桥架类型起重机（图 1-10）。桥式起重机分为单小车和双小车两种，由桥架、起重小车、大车运行机构和电气设备组成。其特点是可以充分利用桥架下面的空间吊运物料，不受地面设备的阻碍。

图 1-10　桥式起重机

### （二）门式起重机

门式起重机就是带腿的桥式起重机，是桥式起重机的一种变形，又叫龙门吊（图 1-11）。门式起重机可以直接在地面的轨道上行走。主要用于室外的货场、料场货、散货的装卸作业，在港口货场得到广泛使用；其特点是主梁两端可以具有外伸悬臂梁，场地利用率高、作业范围大、适应面广、通用性强。

图 1-11　门式起重机

## （三）安全附件

桥式（门式）起重机的安全附件主要包括超载限制器、限位器、缓冲器、联锁保护装置、锚定装置和夹轨钳等。

• 超载限制器：防止起重机超载运行，当起吊物件超过起重机额定起重量时，能自动切断起重机上升电路，保证起重机安全。

• 限位器：保护起升机构安全运行，防止起重机吊钩或卷筒上升超过极限位置。

• 缓冲器：与端点挡板（撞块）联合工作，用于吸收起重小车或起重机与轨道端点挡板相撞时的冲力，减少冲击和振动，保护起重机结构。

• 联锁保护装置：确保起重机在特定条件下（如门未关闭、防护装置未到位等）无法启动或运行，防止因误操作引发事故。

• 锚定装置：在非工作状态下，将门式起重机锚定在地面上，进一步增加其稳定性，防止意外移动或倾覆。

• 夹轨钳：用于将门式起重机的行走轮与轨道夹紧，防止起重机在风力等外力作用下发生滑移或倾覆。

在使用桥式（门式）起重机前，应检查这些安全附件的完好情况，确保它们能够正常工作。

## 三、塔式起重机

塔式起重机（简称塔机，俗称塔吊）起源于欧洲，动臂安装在高耸塔身上部，由动力驱动绕塔身做全回转运动的臂架类起重机，广泛用于房屋建筑施工中物料的垂直和水平输送及建筑构件的安装。因塔式起重机占地面积小、适用范围广、起升高度高、操作简便、费用相对低等特点，近年来在石油石化建设中也得到研究并逐步推广和应用。

（一）塔式起重机分类

塔式起重机种类繁多，形式各异，性能有所差异。依据 GB/T 5031—2019《塔式起重机》，塔式起重机可以按以下几种方式进行分类：

**1. 按组装方式分类**

塔机按组装方式分为自行架设塔机（图 1-12）和组装式塔机（图 1-13）。

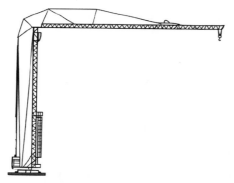

图 1-12　自行架设式塔机

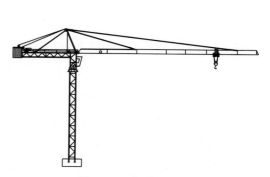

图 1-13　组装式塔机

**2. 按回转部位分类**

塔机按回转部位分为上回转塔机（图 1-14）和下回转塔机（图 1-15）。

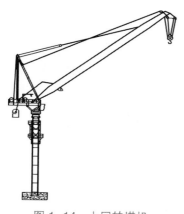

图 1-14　上回转塔机

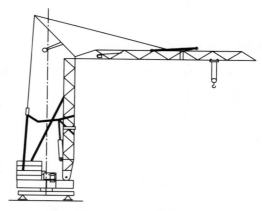

图 1-15　下回转塔机

3. 组装式塔机按上部结构特征

组装式塔机按上部结构特征分为水平臂（含平头式）小车变幅塔机（图1-16）、倾斜臂小车变幅塔机、动臂小车变幅塔机（图1-17）、伸缩臂小车变幅塔机（图1-18）和折臂小车变幅塔机（图1-19）。

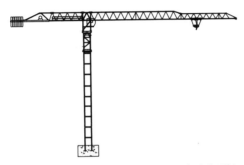

图1-16 水平臂（含平头式）小车变幅塔机

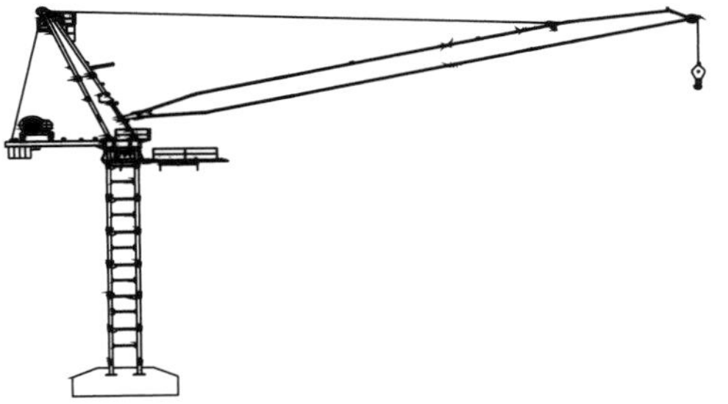

图1-17 动臂小车变幅塔机

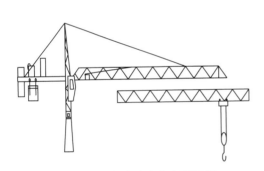

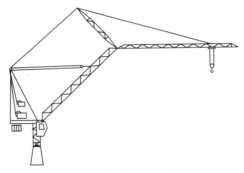

图1-18 伸缩臂小车变幅塔机

图1-19 折臂小车变幅塔机

倾斜臂一般指臂架与水平面的夹角大于5°，国内倾斜臂小车变幅塔机很少。动臂变幅塔机按臂架结构型式分为定长臂动臂变幅塔机与铰接臂动臂变幅塔机。

4. 组装式塔机按中部结构特征

组装式塔机按中部结构特征分为爬升式塔机和定置式塔机。

5. 爬升式塔机按爬升特征

爬升式塔机按爬升特征分为内爬式塔机和外爬式塔机。内爬式塔机设置在建筑物内部（如电梯井和楼梯间等），通过支承在结构物上的专用爬升机构，使整机能随着建筑物高度增加而升高。外爬式塔机也称为附着式塔机，安装在建筑物一侧，采用附着装置按一定间距将塔身锚固在建筑物上，随着建筑物高度增加而升高塔身结构。

内爬塔式起重机不占建筑物外部空间，爬升高度不受限制，塔式起重机完全支承在建筑物中间的楼板和框架上，结构轻，造价低，幅度利用率大。缺点是：司机在进行吊装时不能直接看到起吊过程，操作不便；施工结束后需要其他辅助起重设备将塔机先解体后再吊到地面上，费工费时；塔机安装时必须对薄弱的承载构件给予局部加强，使建筑物的构件施工变得复杂。

6. 基础特征

组装式塔机按基础特征分为轨道运行式塔机和固定式塔机，固定式塔机又分为固定底架压重塔机和固定基础塔机。自行架设塔机按基础特征分为轨道运行式塔机和固定式塔机。

7. 自行架设塔机按上部结构特征

自行架设塔机按上部结构特征分为水平臂小车变幅塔机、倾斜臂小车变幅塔机、动臂变幅塔机。

8. 自行架设塔机按转场运输方式

自行架设塔机按转场运输方式分为车载式和拖行式。

（二）安全附件

塔式起重机的安全附件主要包括起重力矩限制器、起重量限制器、起升高度限制器、回转限制器、钢丝绳卷筒保险装置、爬梯护圈装置、防碰撞装置、小车防坠落装置和夹轨钳等。

• 起重力矩限制器：用于限制塔式起重机实际作业时的起重力矩，防止超过额定起重力矩而导致整机倾翻。

• 起重量限制器：用来限制起吊物品的重量，确保不超过塔机本身允许的起重量，防止超荷载吊装带来的机械损坏和人员安全事故。

• 起升高度限制器：防止起重钩出现过度起升的情况，确保起升高度在安全范围内，避免与臂头结构相撞。

• 回转限制器：限制塔式起重机的回转角度，防止其超出安全范围。

• 钢丝绳卷筒保险装置：防止钢丝绳因缠绕不当越出卷筒之外，通过在卷筒外设置防护装置来限制钢丝绳的移动范围。

• 爬梯护圈装置：保护攀爬人员安全，防止在攀爬过程中发生意外。

• 防碰撞装置：防止几台塔机在不同高度交叉作业，或是周围有妨碍塔式起重机自由回转的建筑物时，发生碰撞。

· 小车防坠落装置：防止变幅小车因过度磨损或材料缺陷而断轴下坠。

· 夹轨钳：用于固定塔式起重机在轨道上的位置，防止在大风等恶劣天气下被风吹动或倾覆。

在使用塔式起重机前，应检查这些安全附件的完好情况，确保它们能够正常工作。

## 四、桅杆式起重机

桅杆式起重机是一种简单的起重机械，须与卷扬机（或绞磨）滑车组、导向滑车、缆风绳、牵引绳、地锚等构成一个完整的吊装和稳定系统。由于桅杆制作简便，安装和拆除方便，起重量较大，使用时对安置的地点要求不高，桅杆起重机曾广泛应用在起吊安装设备工作中。它的缺点是灵活性较差，移动较困难，需要与卷扬机、滑车配合，而且要设立缆风绳，对吊装技术要求高。近年来随着大型吊车吊装能力的不断提高，在一般的吊装工程中桅杆使用越来越少，并逐步被吊车所替代，但使用桅杆起重机依然可以弥补大型起重机机动性不足的缺点。

### （一）桅杆起重机分类

根据 GB/T 26558—2011《桅杆起重机》，桅杆起重机按构造型式分为摇臂式桅杆起重机（图1-20）、人字架桅杆起重机（图1-21）、单桅杆起重机（图1-22）、悬臂式桅杆起重机（图1-23）、缆绳式桅杆起重机（图1-24）、斜撑式桅杆起重机（图1-25）。

根据桅杆腿数和构成方式的不同可分为单桅杆、人字桅杆、门式桅杆、系缆式桅杆、三叉杆等。

按桅杆的材质和横断面形状又可分为木质桅杆、钢制桅杆、圆钢管式桅杆和格构式桅杆等。

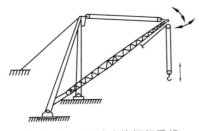

图1-20 摇臂式桅杆起重机

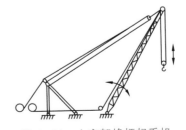

图1-21 人字架桅杆起重机

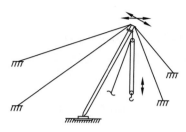

图 1-22　单桅杆起重机

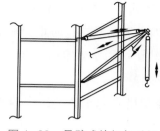

图 1-23　悬臂式桅杆起重机

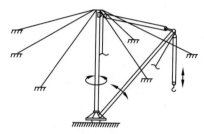

图 1-24　缆绳式桅杆起重机

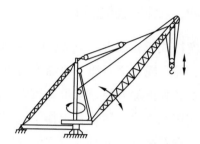

图 1-25　斜撑式桅杆起重机

## （二）安全附件

桅杆起重机的安全附件主要包括缆风绳、地锚、安全锁装置、限位器和超载限制器等。

•缆风绳：防止起重机在吊装过程中因风力、惯性力或其他外力作用而发生倾覆或倒塌。

•地锚：用于固定缆风绳的另一端，提供稳定的拉力支撑点。

•安全锁装置：具有自动锁紧功能，当货物重量超过设定值时或发生异常情况时，能够自动锁紧吊钩，确保货物的安全。

•限位器：用于限制起重机的某些运动范围，如起升高度、旋转角度等，以防止起重机因超出行程范围而发生事故。

•超载限制器：用于监测起重机的载重量并在超载时采取措施，以保护起重机和操作人员的安全。

在使用桅杆式起重机前，应检查这些安全附件的完好情况，确保它们能够正常工作。

## 五、动力绞车

动力绞车是石油钻井施工过程中使用较为频繁的设备之一，石油钻机在不断地进行改造升级，机械化程度越来越高，少部分钻机逐步配置动力猫道、液压举升装置代替动力绞车吊装作业，但在目前石油钻机钻井施工过程中依然普遍使用动力绞车进行吊装作业，主要用于钻具、导管、套管及其他小型物件上下钻台面吊装作业。

（一）动力绞车分类及特点

根据绞车的动力提供不同分为电动绞车和气动绞车。

1. 电动绞车

电动绞车（图1-26、图1-27）以变频电控系统作为控制系统，以防爆交流变频制动电机作为动力，通过齿轮减速机构驱动卷筒，实现重物牵引和提升。它具有其结构简单、操作方便、安全可靠；速度控制精确，传动平稳；能耗低，无级调速，提升速度快，作业效率高等优点。

图 1-26　电动绞车正面

图 1-27　电动绞车背面

2. 气动绞车

气动绞车（图1-28、图1-29）以气动马达为动力，通过齿轮减速机构驱动卷筒，实现重物牵引和提升。它具有结构紧凑、操作方便、工作安全可靠、维修简单、运转平稳、无级变速等优点，作为防爆牵引，提升动力装置，特别适用于油田、易燃、易爆等场所。

（二）安全附件

动力绞车的安全附件主要包括紧急制动装置、过载保护装置、钢丝绳保护装置、防止过卷装置、滚筒排绳装置和刹车装置等。

图1-28　气动绞车正面　　　　　　　　　图1-29　气动绞车背面

·紧急制动装置：动力绞车上通常设有紧急制动装载，以便在紧急情况下迅速切断动力源并启动制动系统，确保绞车能够立即停止运行。

·过载保护装置：用于监测绞车的运行负荷，一旦负荷超过设定值，装置将自动切断动力源或启动保护措施，防止绞车因过载而损坏或引发安全事故。

·钢丝绳保护装置：包括钢丝绳防断装置、防跳槽装置等，用于保护钢丝绳免受损坏并防止其跳出滚筒或滑轮。

·防止过卷装置：当提升容器超过正常终端停止位置（或出车平台）一定距离（如0.5m）时，该装置能自动断电，并能使保险闸发生制动作用，防止提升容器继续上升而引发事故。

·滚筒排绳装置：使钢丝绳能够均匀、逐层地绕在滚筒上，以提高工作效率并确保设备的安全运行。

·刹车装置：按照操作人员的意图进行减速或停止的机械装置。

在使用动力绞车前，应检查这些安全附件的完好情况，确保它们能够正常工作。

## 六、吊管机

吊管机是指装有由主机架、起升机构、能上下摆动的起重臂和平衡重组成，主要用于搬运和铺设管道的自行履带式或轮胎式机器的铺管装置。吊管机是石油天然气管道施工中重要的施工设备，主要用于大口径管子的布管、对口和下沟作业，具有较大的起重量和带重物行走等特点。

（一）吊管机分类

（1）按照工作装置的传动方式分为液压传动式吊管机和机械传动式吊管机。

（2）按照用途可以分为通用吊管机、多功能吊管机和湿地吊管机。

（3）按照结构特征可以分为侧臂吊管机和回转式吊管机。侧臂吊管机是指侧面装有只能在垂直方向上下摆动的起重臂的吊管机（图1-30、图1-31）。回转式吊管机是指可回转的上部结构与垂直起重臂连接，起重臂能随上部结构的旋转而转动的吊管机（图1-32）。

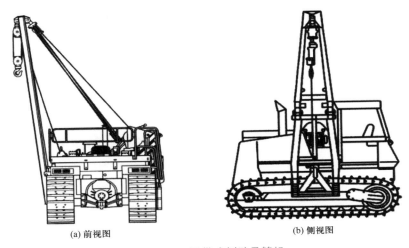

(a) 前视图        (b) 侧视图

图 1-30 履带式侧臂吊管机

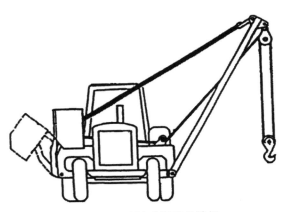

图 1-31 轮胎式侧臂吊管机

（4）按照最大起重量分为25t以下、25～46t、46～72t、72～90t、90～100t。常用吊管机为40t吊管机、70t吊管机和90t吊管机。40t、70t吊管机适用于现场倒运及布管施工，无法参与二接一及管道下沟施工，相对利用率较低。90t吊管机适用于倒运管、布管、组对焊接、二接一及管道下沟施工全过程，是大口径长输管道施工使用率较高的吊管机。

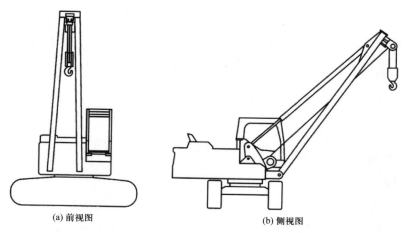

(a) 前视图　　　　　　　　　　　　　(b) 侧视图

图 1-32　履带式回转式吊管机

以多功能 DGY 系列吊管机为例介绍其特点，多功能 DGY 系列吊管机能够适应 −20℃～+50℃环境温度、3000m 以下海拔、空气中含有 5% 以下沙尘的环境及雨、雪、雾等各类天气的工作环境；能够在 20°的坡道安全可靠作业；易于调遣、转移和运输。

（二）安全附件

吊管机的安全附件主要包括管路铺设制动器、起重臂变幅限制器、力矩限制器、起升高度限位器、钢丝绳保护器和三圈保护器。

•管路铺设制动器：通过控制系统开启，并在司机停止驱动或动力源失灵时自动启动。

•起重臂变幅限制器：用于限制起重臂的变幅角度，确保吊管机在作业过程中的稳定性和安全性。

•力矩限制器：当实际力矩超过限制时，限制器会触发警报或直接切断吊管机的电源，防止设备损坏和人员伤害。

•起升高度限位器：一旦吊钩或起重臂达到或超过预设的安全高度，会立即触发自动停机机制，使设备停止运行，防止因高度过高而导致的设备倾覆、断裂等危险情况。

•钢丝绳保护器：保护钢丝绳，防止其受到磨损或断裂，延长钢丝绳的使用寿命，同时确保工人的人身安全。

•三圈保护器：防止钢丝绳过放，有效预防因下降过深而造成的事故。

在使用吊管机前，应检查这些安全附件的完好情况，确保它们能够正常工作。

## 七、其他类型起重机

除起重机械设备外，施工作业过程中也常用起重葫芦、液压系统和卷扬机等配合或安装设备。

### （一）起重葫芦

起重葫芦是一种常用的轻小型起重机具，分电动葫芦和手动葫芦两类。手动葫芦又分为手拉葫芦和手扳葫芦两种，其中环链手拉葫芦（倒链）和钢丝绳手扳葫芦使用最为普遍。

#### 1.电动葫芦

电动葫芦是一种简便的起重机械，它由运行和提升两大部分组成，一般是安装在直线或曲线工字梁轨道上，用以提升和移动重物，常与电动单梁臂等起重机配套使用，也可以直接将葫芦安装在固定支架上作垂直的卷扬起吊使用。电动葫芦提升平稳，安全系数高，重物的提升是由电力驱动，比手动葫芦更省力、省时。

电动葫芦按照其结构不同，可以分为钢丝绳式电动葫芦和环链式电动葫芦。

##### 1）钢丝绳式电动葫芦

钢丝绳式电动葫芦有 CD 型、M 型、AS 型、QH 型等，目前常用的是 CD 型（图 1-33），它在工字梁上的安装方式可以是固定的，也可以悬空挂在工字梁上作水平移动。固定方式可根据各种不同的适用场合进行选择。

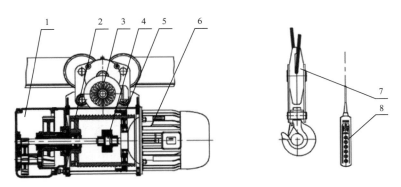

1—减速器；2—卷筒装置；3—电动小车；4—电动机；5—弹性联轴器；6—导绳器；
7—吊钩装置；8—控制器

图 1-33　CD 型钢丝绳式电动葫芦

##### 2）环链式电动葫芦

环链式电动葫芦是用环状焊接链与吊钩连接作为起吊索具之用；环链式电动葫

芦重物的起升高度较低，它广泛应用于低矮厂房或露天环境。葫芦的起升机构由起升电动机、减速机构、链条提升机构、上下吊钩装置和集链箱等组成。起升电动机采用电动机与制动器组成一体的锥形转子制动电动机，体积小，制动可靠。

2. 手动葫芦

手动葫芦是一种常见的手动起重设备，通常由链轮、链条、吊钩、传动机构和外壳等部件组成。它通过人力拉动手链条来驱动链轮转动，从而带动起重链条上升或下降，以吊起或放下重物。手动葫芦操作简便，携带方便，常用于建筑工地、工厂、仓库等场所，用于吊起小型设备、货物、材料等。

1）手扳葫芦

手扳葫芦（图1-34）是一种高效率、多用途的起重工具。它能以各种不同的角度进行起吊、牵拉等作业，广泛用于工矿企业和建筑工地。手扳葫芦采用对称排列二级齿轮传动机构，配备有齿轮离合装置，在无载状态下，起重链条可以用手上下快速的拽拉来调整下吊钩所需要的位置，可大量缩短作业时间。

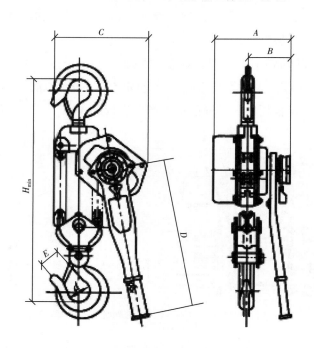

图1-34 手板葫芦结构图

2）手拉葫芦

手拉葫芦（图1-35）主要由链轮、手拉链条、传动机构、起重链及上下吊钩等几部分组成。它的工作原理是通过人力拉动手拉链条，带动链轮旋转，从而使起重链条上升或下降，实现重物的吊起和放下。使用时只要 1～2 人就可以操作，适用于小型设备和构件的短距离吊装或运输。手拉葫芦的起重能力一般不超过 10t，最大可达 20t，起重高度一般不超过 6m。

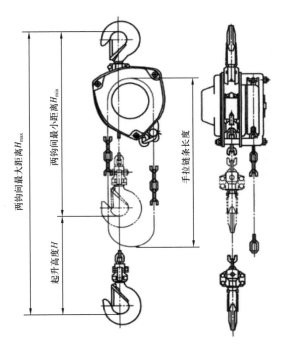

图 1-35 齿轮式手拉芦外形结构示意图

## （二）液压提升系统、液压顶升系统

门式液压吊装系统是桅杆式起重机的延续和发展，具有吊装负荷能力大、工作平稳、安全可靠等特点，主要应用于工程建设中超重、超长等大型反应器、塔器吊装。门式液压吊装系统主要包括门式液压提升吊装系统、门式液压顶升吊装系统，主要结构一般由底座、桅杆、动力机构、缆风绳等组成，不同之处液压吊装系统的动力机构主要由液压千斤顶和液压泵站构成。

### 1. 门式液压提升系统

门式液压提升系统（图 1-36）由门式桅杆结构、牵索结构、顶部横梁、旋转平衡梁、平移及自安装系统、主提升液压设备及控制系统组成。门式液压提升系统可以通过不同的组合方式，达到不同的吊装能力，满足不同质量的设备吊装需求，在现场的安装和拆除采用自安装方式，省时省力省机械台班，适用于石油石化、煤化工建设、电力工程建设中超过一定高度和重量的大型设备吊装。因门式结构的特殊性，该系统能够实现直立和变幅状态下的重物吊装。

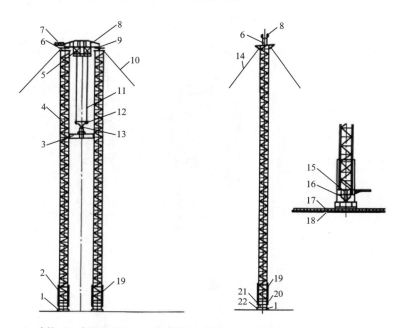

1—底排；2—夹紧千斤顶；3—下扩展梁；4—桅杆；5—主提升千斤顶；6—顶座；
7—千斤顶动力箱；8—横梁；9—顶部球铰；10—侧向拖拉绳；11—千斤顶钢缆；12—上扩展梁；
13—旋转轴；14—主拖拉绳；15—底座；16—底部球铰；17—滑移轨道；18—非承重底排；
19—自安装框架；20—滑移框架；21—螺旋千斤顶；22—滑移梁

图1-36　钢缆千斤顶门式液压提升系统

### 2. 门式液压顶升系统

门式液压顶升系统（图1-37）由承重系统、桅杆结构、动力和控制系统构成。其中承重系统包含吊装梁、爬升千斤顶、方钢、底座及地基，桅杆结构包含桅杆、拖拉绳及地锚，动力和控制系统包含动力橇、传感器、微电脑及远程监视等。门式液压顶升吊装系统可以通过不同的组合方式，达到不同的吊装能力，可以解决超高、高基础的重型设备吊装需求，特别适合于石油石化设备中的大型、重型设备吊装。

### （三）卷扬机

卷扬机是指用卷筒缠绕钢丝绳或链条提升或牵引重物的轻小型起重设备，又称绞车。卷扬机可以垂直提升、水平或倾斜拽引重物。在建筑和安装工程中使用的由电动机驱动的卷扬机称为建筑卷扬机，在石油天然气勘探开发、石油钻井和修井过程中使用的卷扬机称为石油钻井和修井用绞车。卷扬机具有结构简单、操作容易、维护方便等特点，它不仅可以独立使用，而且又是各种起重机械的重要组成部分。

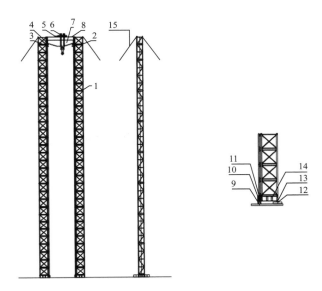

1—塔架；2—方钢；3—顶升千斤顶及泵站；4—凹凸板；5—顶部滑移千斤顶；
6—吊索组件；7—吊装横梁；8—塔节连接杆；9—支垫；10—滑移梁；11—底座；
12—后滑移支垫；13—滑移小车；14—底座连接梁；15—缆风绳系统

图 1-37 爬升千斤顶门式液压顶升系统

1. 卷扬机分类

（1）按动力型式分为手动式卷扬机、电动式卷扬机和液压式卷扬机。

（2）按照卷筒数量分为单筒卷扬机和双筒卷扬机。

（3）按速度和是否有溜放功能等特征分为快速卷扬机、慢速卷扬机和溜放卷扬机。

2. 卷扬机安全技术要求

（1）减速机不得有漏油现象，渗油面积不得大于 $15cm^2$。

（2）开式齿轮、皮带轮、皮带等外露的传动件，应设防护罩。

（3）电动机工作制与定额应符合 GB/T 755《旋转电机 定额和性能》的规定，但不宜选用 S1 工作制的电动机。

（4）电气装置的防护等级，电动机不应低于 GB/T 4942 规定的 IP44，控制盒、开关、控制器和电气元件不应低于 GB/T 14048.1《低压开关设备和控制设备 第 1

部分：总则》规定的 IP54，便携式控制装置不应低于 IP65。

（5）卷扬机应设有接地连接螺栓。接地电阻不得大于 4Ω。电动机、电气元件（不含电子元器件）和电气线路的对地绝缘电阻不应小于 1MΩ。

（6）应在方便操作的位置设置能迅速切断总控制电源的紧急断电开关。

（7）应有防止正反转同时工作的联锁功能。

（8）遥控操作的卷扬机，应具备在控制信号失效时确保卷扬机停止运转的功能或设施。

## 第五节　吊装作业主要风险

### 一、通用风险

风险是指可能造成重大的人员伤亡、财产损失、环境破坏或其组合的根源或状态，吊装作业通用风险的根源来自现场作业中人员、设备设施、作业环境和管理上的不安全行为与状态。

（一）吊装通用风险

吊装作业中涉及到高空、重物、特种设备、复杂环境等多种风险因素，导致吊装作业中通用风险主要有起重伤害风险、高处坠落风险、物体打击风险、机械伤害风险、触电风险、坍塌风险、设备故障风险、工艺缺陷风险、管理缺陷风险。

（二）吊装作业的风险因素

针对吊装作业通用风险分析，主要是人员、设备、吊物、环境、管理五个方面构成了吊装作业中的风险因素。

1. 人员因素

（1）操作人员没有经过专业培训，技能水平和安全意识不足或者在操作过程中违反安全规定，存在起重伤害、设备故障、坍塌等风险，可能导致事故发生。

（2）在吊装作业中，指挥人员指挥不当或失误，存在起重伤害、物体打击、机械伤害、管理缺陷等风险，可能导致事故发生。

（3）吊装作业往往涉及多个环节和多个工种，现场管理人员管理和监护不到位，作业前准备不到位，现场吊装作业风险辨识不准确，风险告知不到位，人员站位不当、进入危险区域，存在起重伤害、高处坠落、物体打击、触电、坍塌、管理缺陷等风险，可能导致事故发生。

**2. 设备因素**

（1）起重机械老化、维护不当，相关特种设备没有定期检验，存在设备故障、机械伤害、坍塌等风险，可能导致事故发生。

（2）起重设备选择不合理，吊装能力不足、超负荷吊装，存在物体打击、机械伤害等风险，可能导致事故发生。

（3）起重安全保护装载失效，吊索具老化、磨损、过期，存在物体打击、高处坠落、坍塌等风险发生，可能导致事故发生。

**3. 吊物因素**

（1）吊物质量过大，超出了起重机械的承载能力，存在起重伤害、物体打击、坍塌等风险，可能导致事故发生。

（2）吊物形状复杂、不规则，重心不稳，难以固定，存在起重伤害、物体打击等风险，可能导致事故发生。

（3）吊物捆绑不牢，在吊装过程中滑落，存在物体打击风险，可能导致事故发生。

**4. 环境因素**

（1）吊装场地活动空间狭窄，现场环境复杂，有电线等，造成吊装作业受限，存在起重伤害、机械伤害、触电等风险，可能导致事故发生。

（2）吊装地面硬化不够，发生地基沉降，存在起重伤害、物体打击等风险，可能导致事故发生。

（3）气候条件不佳，作业现场有雨、雪、强风天气，存在起重伤害、高处坠落、物体打击等风险，可能导致事故发生。

**5. 管理因素**

（1）吊装作业安全管理制度和操作规程未制定或未完善，存在管理缺陷风险，可能导致事故发生。

（2）吊装作业前，管理人员未对作业人员和设备资质证件进行核实验证，存在管理缺陷风险，可能导致事故发生。

（3）吊装作业审批流程不全，未进行作业许可或作业许可走形式，特殊敏感时段没有升级管理，存在管理缺陷风险，可能导致事故发生。

（4）吊装工艺方案制订不准确，现场吊装工艺流程告知不到位，过程实施中不按照方案执行吊装工艺，存在管理缺陷风险，可能导致事故发生。

（5）吊装作业现场监督人员不认真履行职责，未在作业前进行风险分析，提示作业人员在吊装作业过程中可能面临的风险和应采取的措施，作业过程中对发现的不安全行为不及时制止，存在管理缺陷风险，可能导致事故发生。

## 二、特殊风险

### （一）流动式起重机作业主要风险

1. 流动式起重机运输存在风险

（1）装运配件时未采取支垫、防滑、加固等保护措施，造成设备损坏或者滑落。

（2）运输起重机臂杆时支垫在非主弦管上，造成设备损坏。

（3）装载配件时重心偏离，在运输过程中由于震动或路况不佳造成车辆倾翻。

（4）装载配件时因超载，车辆轮胎受力超过正常范围造成爆胎，造成车辆倾翻。

（5）汽车式或轮胎式起重机支腿未完全收回的情况下移动起重机，伸出的支腿与行走路线上的障碍物碰撞，造成设备损坏。

（6）汽车式或轮胎式起重机短距离移动时未将臂杆全部收回或大、小钩未系挂造成人员伤亡或设备损坏。

2. 流动式起重机安装、拆卸存在风险

（1）组车区域地面承载力不足，组车过程中起重机部件倾斜或侧翻，造成人员伤亡或设备损坏。

（2）安装电气系统时，电源线裸露或作业人员违反操作规程造成设备短路或人员触电。

（3）组车过程中危险区域未设置警示标识或设置不合理，无关人员进入危险区域发生起重伤害。

（4）超过 2m 的高处作业时，未穿戴或正确系挂安全带造成人员高处坠落。

（5）起重机在安装副杆时未按照操作规程操作，副杆坠落或位置偏移造成人员伤亡或设备损坏。

3. 流动式起重机使用时存在风险

（1）起重机将支腿或者履带支撑在暗沟和松软的地面之上，或距离坑、沟、槽安全距离不足时造成车辆倾覆。

（2）汽车式、轮胎式起重机在进行作业时支腿未完全伸出造成车辆倾覆。

（3）利用铁丝等代替卡簧锚固定位销，致使车辆不稳造成车辆倾覆。

（4）汽车式、轮胎式起重机支腿液压系统渗油，导致液压系统压力下降，造成车辆倾覆。

（5）支腿使用的枕木规格不符合要求或支垫面积不足，作业时枕木破损或下陷造成车辆倾覆。

（6）起重机作业时臂杆角度过小，造成车辆倾覆。

（二）桥式（门式）起重机作业主要风险

1. 桥式（门式）起重机安装、拆卸存在风险

（1）基础混凝土强度不够，可能导致起重机在运行中发生倾斜、下沉，造成设备损坏或人员伤亡。

（2）安装过程电气线路连接错误、绝缘不良等，造成引发人员触电、电气故障、短路甚至火灾。

（3）拆卸的部件在吊运或放置过程中意外掉落，砸伤人员或损坏设备。

（4）超过2m的高处作业时，未穿戴或正确系挂安全带造成人员高处坠落。

2. 桥式（门式）起重机使用时存在风险

（1）车轮和轨道故障，车轮磨损不均、轨道变形等问题，存在起重机运行不稳、脱轨的风险，造成起重机倾覆。

（2）人员上下扶梯不稳，未设立安全警示标准，造成人员高处坠落。

（3）作业空间受限，吊运过程中与周围建筑物、设备或人员距离过近，容易发生碰撞。

（4）夹轨钳、锚定装置等安全附件失效，存在吊物坠落、起重机倾覆的风险。

（三）塔式起重机作业主要风险

1. 塔式起重机安装、拆卸存在风险

（1）地基承载力不足，或者基础施工不符合设计要求，导致起重机在工作时倾斜甚至倒塌，造成人员伤亡或设备损坏。

（2）安装人员操作不当，未按照正确的顺序组装部件、使用错误的工具等，造成设备损坏。

（3）高空作业时，安装、拆卸人员面临高处坠落风险，同时也存在因失手导致工具和部件掉落伤人。

（4）拆卸顺序错误可能破坏起重机的结构平衡，引发倒塌，造成设备损坏或人员伤亡。

2. 塔式起重机使用时存在风险

（1）塔式起重机司机无常用操作数据资料，对一定工作幅度位置的相应最大起重量毫不知情，盲目进行吊装作业，存在设备误操作的风险，造成人员伤亡。

（2）安装位置不当，多台塔式起重机之间或周边建筑物互相干涉，有碰撞的风险，造成钢结构碰撞变形或人员伤亡。

（3）轴端挡板紧固螺栓不用弹簧垫或紧固不牢，长期振动引起脱离，存在导致销轴脱落的风险，造成设备倾覆或人员伤亡。

（四）动力绞车作业主要风险

1. 动力绞车运输、安装存在风险

（1）因道路颠簸、急刹车等原因与运输车辆的内壁或其他货物发生碰撞，导致设备外观受损、零部件松动甚至损坏。

（2）在运输时动力绞车的固定措施不到位，发生固定绳索断裂等情况，造成设备损坏或者滑落。

（3）遇到暴雨、洪水等恶劣天气，使绞车受潮、进水，影响其电气系统和机械部件的性能，造成设备损坏。

（4）选择的安装位置不符合要求，如地面不平整、承载能力不足等，导致绞车在运行时不稳定，发生倒塌，造成人员伤亡或设备损坏。

2. 动力绞车使用时存在风险

（1）钢丝绳长期使用出现磨损、断丝，未及时发现和更换，起重时发生突然断裂造成设备损坏或人员伤亡。

（2）刹车系统出现故障，使重物在吊起后无法有效制动，增加坠落伤人的风险。

（3）长期超载使动力绞车的钢结构产生变形、裂纹，传动轴等关键部件因承受过大载荷而断裂，造成设备损坏或人员伤亡。

（4）牵引液气大钳上大门坡道受力大，人员站钻具上易滑跌，操作不平稳，砸伤人员。

（5）起升、下降设备速度过快，导致设备发生摆动或坠落伤人。

（五）吊管机作业主要风险

1. 吊管机布管作业存在风险

（1）未设管墩，或铺设硬土块、碎石块作为管墩，在吊管机布管时致滚管、窜管伤人。

（2）未设管墩，使用吊管机吊钩直接挂在管口上，作业人员在管子下方穿吊带，容易造成吊钩从管口滑出，管子坠落致人伤亡。

（3）吊带破损容易造成管子坠落，致人伤亡。

（4）吊管机钢丝绳断裂、崩开飞出伤人。

（5）操作手操作吊管机移动过程中未仔细观察，配合人员在离开设备时衣物被吊管机履带缠住卷入，致人伤亡。

2. 吊管机组对焊接作业存在风险

（1）管沟未按设计放坡，管沟塌方致吊管机坠入沟中。

（2）坡地施工未设掩木，容易造成吊管机溜车，撞击焊接工程车或撞击作业人员，致设备损坏或人员伤亡。

（3）吊管机吊钩无防脱钩装置或防脱钩装置失效致使吊带滑脱，管子坠落致人伤亡。

（4）吊带破损致使管子坠落，容易致人伤亡。

（5）吊管机与外电架空线路安全距离不足，容易造成吊管机触碰外电架空线路，导致吊管机着火或人员触电。

3. 吊管机下沟作业存在风险

（1）管沟未按设计放坡，管沟塌方容易造成吊管机坠入沟中。

（2）坡地施工未设掩木，容易造成吊管机溜车，致人伤亡。

（3）吊管机吊钩无防脱钩装置或防脱钩装置失效致使吊带滑脱，管子坠落容易致人伤亡。

（4）吊带破损致使管子坠落，容易致人伤亡。

（5）多台吊管机下沟作业时，配合动作不统一，容易造成管子抖动幅度过大，致吊管机坠落沟中，造成设备损坏或人员伤亡。

（6）吊管机与外电架空线路安全距离不足，容易造成吊管机触碰外电架空线路，导致吊管机着火或人员触电。

**4. 吊管机超载作业存在风险**

（1）吊重超载：在幅度一定的情况下，起吊重量过大，导致力矩过大，容易发生吊管机倾覆。

（2）变幅超载：在管子重量一定的情况下，作业幅度过大，导致力矩过大，容易发生吊管机倾覆。

（3）吊臂过卷：吊臂收起时超过变幅最大角度，容易造成吊臂损坏。

（4）高度过卷：起升滑轮起升高度过高，容易造成钢丝绳拉断及机构件的损坏。

## 第六节 吊装作业法规标准

党的十八大以来，以习近平同志为核心的党中央对安全生产工作高度重视。2016年10月11日，习近平总书记主持召开中央全面深化改革领导小组第28次会议上，通过了《关于推进安全生产领域改革发展的意见》（简称《意见》），12月9日中共中央、国务院正式印发，12月18日向社会公开发布。《意见》坚守"发展绝不能以牺牲安全为代价"这条不可逾越的红线为原则，着力解决"安全生产法治不彰及法律法规标准体系不健全"等九个方面的问题。《意见》要求大力推进依法治理，建立健全安全生产法律法规立改废释工作协调机制，加快安全生产标准制定修订和整合，建立以强制性国家标准为主体的安全生产标准体系。

自从《意见》出台以来，2017年原国家安全生产监督管理总局出台了《化工和危险化学品生产经营单位重大生产安全事故隐患判定标准（试行）》。国家相关部门组织对有关安全生产法律法规、规范标准也进行了修订。2017年和2020年两次对《中华人民共和国刑法》等安全生产监督执法相关的法律进行修订；并修订了《中华人民共和国安全生产法》（2021年）、《特种设备安全监管条例》（2003年）、《建设工程安全生产管理条例》（2004年）等安全生产法律；2022年3月15日发布了新修订的GB 30871《危险化学品企业特殊作业安全规范》，2022年10月1日正式实施；2019年7月10日发布了GB/T 50484《石油化工建设工程施工安全技术标准》等涉及安全生产的规范标准。

## 一、国家法律、法规

### （一）《中华人民共和国刑法》

《中华人民共和国刑法》（简称《刑法》）于 1979 年 7 月 1 日第五届全国人民代表大会第二次会议通过，经过十一次修正，现行为 2020 年 12 月 26 日中华人民共和国刑法修正案（十一）修正。

《刑法》明确了在生产、作业中，生产经营单位及其有关人员犯罪及其刑事责任，主要涉及"危险作业罪""重大责任事故罪""强令、组织他人违章冒险作业罪""重大劳动安全事故罪"等。其中"危险作业罪"是事故发生前可以进行定罪。

**1. 危险作业罪**

在生产、作业中违反有关安全管理的规定，具有发生重大伤亡事故或者其他严重后果的现实危险的，处一年以下有期徒刑、拘役或者管制。

**2. 重大责任事故罪**

在生产、作业中违反有关安全管理的规定，因而发生重大伤亡事故或者造成其他严重后果的，处三年以下有期徒刑或者拘役；情节特别恶劣的，处三年以上七年以下有期徒刑。

**3. 强令、组织他人违章冒险作业罪**

强令他人违章冒险作业，或者明知存在重大事故隐患而不排除，仍冒险组织作业，因而发生重大伤亡事故或者造成其他严重后果的，处五年以下有期徒刑或者拘役；情节特别恶劣的，处五年以上有期徒刑。

**4. 重大劳动安全事故罪**

安全生产设施或者安全生产条件不符合国家规定，因而发生重大伤亡事故或者造成其他严重后果的，对直接负责的主管人员和其他直接责任人员，处三年以下有期徒刑或者拘役；情节特别恶劣的，处三年以上七年以下有期徒刑。

### （二）《中华人民共和国安全生产法》

《中华人民共和国安全生产法》（简称《安全生产法》）由 2002 年 6 月 29 日第九届全国人民代表大会常务委员会第二十八次会议通过，经过三次修正，现行为 2021 年 6 月 10 日第十三届全国人民代表大会常务委员会第二十九次会议《关于修改〈中华人民共和国安全生产法〉的决定》第三次修正，自 2021 年 9 月 1 日起施行。《安全生产法》是我国第一部规范安全生产的综合性法律，目的是加强安全生产工作，防止和减少生产安全事故，保障人民群众生命和财产安全，促进经济社会持续健康发展。

1.《安全生产法》涉及吊装作业的安全管理

第四十三条 生产经营单位进行爆破、吊装、动火、临时用电以及国务院应急管理部门会同国务院有关部门规定的其他危险作业，应当安排专门人员进行现场安全管理，确保操作规程的遵守和安全措施的落实。

2.《安全生产法》涉及吊装作业的违章处罚

第一百零一条 进行爆破、吊装、动火、临时用电，以及国务院应急管理部门会同国务院有关部门规定的其他危险作业未安排专门人员进行现场安全管理的，责令限期改正，处十万元以下的罚款；逾期未改正的，责令停产停业整顿，并处十万元以上二十万元以下的罚款，对其直接负责的主管人员和其他直接责任人员处二万元以上五万元以下的罚款；构成犯罪的，依照刑法有关规定追究刑事责任。

（三）《特种设备安全监察条例》

《特种设备安全监察条例》是于2003年3月11日公布的国家法规，自2003年6月1日起施行，修订版于2009年1月24日公布，自2009年5月1日起施行。

1.《特种设备安全监察条例》涉及吊装作业的安全管理

第五条 特种设备生产、使用单位应当建立健全特种设备安全、节能管理制度和岗位安全、节能责任制度。特种设备生产、使用单位的主要负责人应当对本单位特种设备的安全和节能全面负责。特种设备生产、使用单位和特种设备检验检测机构，应当接受特种设备安全监督管理部门依法进行的特种设备安全监察。

第三十八条 锅炉、压力容器、电梯、起重机械、客运索道、大型游乐设施、场（厂）内专用机动车辆的作业人员及其相关管理人员（以下统称特种设备作业人员），应当按照国家有关规定经特种设备安全监督管理部门考核合格，取得国家统一格式的特种作业人员证书，方可从事相应的作业或者管理工作。

第三十九条 特种设备使用单位应当对特种设备作业人员进行特种设备安全、节能教育和培训，保证特种设备作业人员具备必要的特种设备安全、节能知识。

特种设备作业人员在作业中应当严格执行特种设备的操作规程和有关的安全规章制度。

**2.《特种设备安全监察条例》涉及吊装作业的违章处罚**

第七十五条　未经许可，擅自从事锅炉、压力容器、电梯、起重机械、客运索道、大型游乐设施、场（厂）内专用机动车辆及其安全附件、安全保护装置的制造、安装、改造以及压力管道元件的制造活动的，由特种设备安全监督管理部门予以取缔，没收非法制造的产品，已经实施安装、改造的，责令恢复原状或者责令限期由取得许可的单位重新安装、改造，处10万元以上50万元以下罚款；触犯刑律的，对负有责任的主管人员和其他直接责任人员依照刑法关于生产、销售伪劣产品罪、非法经营罪、重大责任事故罪或者其他罪的规定，依法追究刑事责任。

**（四）《建设工程安全生产管理条例》**

《建设工程安全生产管理条例》是根据《中华人民共和国建筑法》《中华人民共和国安全生产法》制定的国家法规，目的是加强建设工程安全生产监督管理，保障人民群众生命和财产安全。《建设工程安全生产管理条例》由国务院于2003年11月24日发布，自2004年2月1日起施行。

**1.《建设工程安全生产管理条例》涉及吊装作业的安全管理**

第二十五条　垂直运输机械作业人员、安装拆卸工、爆破作业人员、起重信号工、登高架设作业人员等特种作业人员，必须按照国家有关规定经过专门的安全作业培训，并取得特种作业操作资格证书后，方可上岗作业。

第三十五条　施工单位在使用施工起重机械和整体提升脚手架、模板等自升式架设设施前，应当组织有关单位进行验收，也可以委托具有相应资质的检验检测机构进行验收；使用承租的机械设备和施工机具及配件的，由施工总承包单位、分包单位、出租单位和安装单位共同进行验收。验收合格的方可使用。

施工单位应当自施工起重机械和整体提升脚手架、模板等自升式架设设施验收合格之日起30日内，向建设行政主管部门或者其他有关部门登记。登记标志应当置于或者附着于该设备的显著位置。

**2.《建设工程安全生产管理条例》涉及吊装作业的违章处罚**

《建设工程安全生产管理条例》第五十七至第六十八条对县级以上人民政府建设行政主管部门或者其他有关行政管理部门的工作人员、建设单位、勘察单位、设计单位、工程监理单位、注册执业人员、为建设工程提供机械设备和配件的单位、出租单位、施工单位等违反本条例的规定作出了明确的处罚。

（五）《建筑起重机械安全监督管理规定》

《建筑起重机械安全监督管理规定》是于 2008 年 1 月 8 日经建设部第 145 次常务会议讨论通过，现予发布，自 2008 年 6 月 1 日起施行。建筑起重机械的租赁、安装、拆卸、使用及其监督管理，适用本规定。

1.《建筑起重机械安全监督管理规定》涉及吊装作业的安全管理

《建筑起重机械安全监督管理规定》第四条至第二十五条对出租单位、自购建筑起重机械的使用单位、安装单位、使用单位、施工总承包单位、监理单位、建筑起重机械特种作业人员等相关单位、人员的管理规定、安全职责作出了明确规定。

2.《建筑起重机械安全监督管理规定》涉及吊装作业的违章处罚

《建筑起重机械安全监督管理规定》第二十八条至第三十四条对出租单位、自购建筑起重机械的使用单位、安装单位、施工总承包单位、使用单位、监理单位、建设单位、建设主管部门的工作人员等违反本条例的规定作出了明确的处罚。

## 二、国家规范、标准

为加强吊装作业的安全监督管理，防止和减少生产安全事故，保障人民群众生命和财产安全，国家从作业人员、起重机械及吊装作业制定了相应的规范、标准。

（一）起重作业人员相关规范、标准

1. GB/T 23721《起重机　吊装工和起重指挥人员的培训》

该标准由中华人民共和国国家质量监督检验检疫总局、中国国家标准化管理委员会于 2009 年 4 月 24 日发布，2010 年 1 月 1 日实施。

标准规定了为取得 GB/T 23722 规定的吊装工和指挥人员的资格，而对受训的起重机吊装工和指挥人员进行的以获得基础吊装技能和必备知识为目的的基本培训要求，包含必备素质和知识、培训课程内容、考评等。

2. GB/T 23722《起重机　司机（操作员）、吊装工、指挥人员和评审员的资格要求》

该标准由中华人民共和国国家质量监督检验检疫总局、中国国家标准化管理委员会于 2009 年 4 月 24 日发布，2010 年 1 月 1 日实施。

标准给出了起重机司机（操作员）、吊装工、指挥人员及其评审员的挑选、培训、评审及鉴定方面的资格要求。

（二）起重机械相关规范、标准

1. GB 30871《危险化学品企业特殊作业安全规范》

该标准由中华人民共和国国家质量监督检验检疫总局、中国国家标准管理委员会于 2014 年 7 月 24 日发布。2022 年 3 月 15 日，国家市场监督管理总局和国家标准化管理委员会正式发布了新修订版，2022 年 10 月 1 日实施。

2022 年版标准规定了危险化学品企业设备检修中动火、受限空间、盲板抽堵、高处、吊装、临时用电、动土、断路作业等安全要求。

2022 年版标准的第 9 章主要对吊装作业相关安全要求进行了阐述。内容包括吊装作业分级及吊装作业要求。

2022 年版标准涉及吊装作业主要变化点：

（1）进一步强化作业过程的安全管理、审批人和监护人职责及应急措施的落实。

（2）吊装作业方面，调整了吊装作业的办票等管理要求。

2. GB/T 6067《起重机械安全规程》

该标准由中华人民共和国国家质量监督检验检疫总局、中国国家标准化管理委员会于 2010 年 9 月 26 日发布，2011 年 6 月 1 日实施。GB/T 6067《起重机械安全规程》由 7 个部分组成：总则、流动式起重机、塔式起重机、臂架起重机、桥式和门式起重机、缆索起重机、轻小型起重设备。

GB/T 6067.1《起重机械安全规程　第 1 部分：总则》规定了起重机械的设计、制造、安装、改造、维修、使用、报废、检查等方面的基本安全要求。

本部分适用于桥式和门式起重机、流动式起重机、塔式起重机、臂架起重机、缆索起重机及轻小型起重设备的通用要求。对特定型式起重机械的特殊要求在 GB/T 6067 的其他部分中给出。

3. GB/T 41510《起重机械安全评估规范　通用要求》

由国家市场监督管理总局、国家标准化管理委员会于 2022 年 7 月 11 日发布，2023 年 2 月 1 日实施。该标准与 GB/T 6067《起重机械安全规程》、GB/T 28264《起重机械　安全监控管理系统》等标准共同构成起重机械安全使用的通用标准体系。

本标准规定了起重机械安全评估通用的目的、对象、方式和程序、职责与能力、方法、综合判定及处置措施、安全评估报告等内容。

本标准适用于塔式起重机、流动式起重机、臂架起重机、桥式和门式起重机及缆索起重机，其他类型的起重机械可参照执行。

4. GB/T 31052《起重机械　检查与维护规程》

该标准由中华人民共和国国家质量监督检验检疫总局、中国国家标准化管理委员会于 2014 年 12 月 22 日发布，2015 年 6 月 1 日实施。

GB/T 31052《起重机械检查与维护规程》分为 12 个部分：总则、流动式起重机塔式起重机、臂架起重机、桥式和门式起重机、缆索起重机、桅杆起重机、铁路起重机、升降机、轻小型起重设备、机械式停车设备、浮式起重机。

GB/T 31052.1《起重机械检查与维护规程　第 1 部分：总则》规定了起重机械在使用过程中应进行的检查与维护方面的基本要求。

本部分适用于流动式起重机、塔式起重机、臂架起重机、桥式和门式起重机、缆索起重机、桅杆起重机、铁路起重机、升降机、轻小型起重设备、机械式停车设备和浮式起重机。

（三）石油化工吊装作业相关规范、标准

1. GB 50798《石油化工大型设备吊装工程规范》

该标准由中华人民共和国住房和城乡建设部、中华人民共和国国家质量监督检验检疫总局于 2012 年 10 月 11 日联合发布，2012 年 12 月 1 日实施。

为保证石油化工大型设备吊装安全、应用技术安全可靠、经济合理，制定该标准。该标准适用于石油化工工程项目，设备质量大于或等于 100t 或设备一次性吊装长度或高度大于或等于 60m 的吊装工程。石油化工大型设备吊装工程除应符合本规范外，尚应符合国家现行有关标准的规定。

该标准对石油化工大型设备吊装的基本规定、施工准备、吊耳、地基处理、吊装绳索、吊装机具、起重机吊装等作出了明确规定。

2. GB/T 51384《石油化工大型设备吊装现场地基处理技术标准》

该标准由中华人民共和国住房和城乡建设部、国家市场监督管理总局于 2019 年 7 月 10 日联合发布，2019 年 12 月 1 日实施。

本标准明确了对石油化工大型设备吊装现场地基处理技术的基本规定、换填法、刚性桩复合地基法、桩基础法、平整压实法、铺垫法、隐蔽设施保护、监测、验收等相关标准。

本标准适用于石油化工大型设备吊装现场地基处理设计、施工、监测和验收。石油化工大型设备吊装现场地基处理除应符合本标准外，尚应符合国家现行有关标准的规定。

### 三、行业规范、标准

在国家标准的基础上，行业规范、标准针对石油石化施工作业特点，对业内大型设备吊装、起重作业规程、塔式起重机进行了进一步要求，主要涉及安全生产行业标准、石油天然气行业标准、石化化工行业标准、建筑工业行业标准 4 类标准。

#### （一）安全生产行业标准

AQ 3021《化学品生产单位吊装作业安全规范》：

该标准由国家安全生产监督管理总局于 2008 年 11 月 19 日发布，2009 年 1 月 1 日实施。

本标准规定了化学品生产单位吊装作业分级、作业安全管理基本要求、作业前的安全检查、作业中安全措施、操作人员应遵守的规定、作业完毕作业人员应做的工作和《吊装安全作业证》的管理。

本标准适用于化学品生产单位的检维修吊装作业。

#### （二）石油天然气行业标准

**1. SY/T 6444《石油工程建设施工安全规范》**

该标准由国家石油和化学工业局于 2000 年 3 月 1 日发布；2011 年 1 月 9 日，国家能源局进行第一次修订；2018 年 10 月 29 日，国家能源局进行第二次修订，将 SY 6444《石油工程建设施工安全规范》和 SY 6516《石油工业电焊焊接作业安全规程》整合修订，于 2019 年 3 月 1 日实施。

新标准中涉及吊装作业的内容主要有 5.11、8.5，分别简述了起重作业的通用要求、石油炼化建设工程大型设备吊装作业要求，相关的新增、变化内容如下：

（1）修改了标准的范围，增加了陆上油气田地面建设工程、油气输送管道建设工程、石油炼化建设工程安全要求。

（2）将 SY 6444"施工安全组织和制度""安全技术措施""施工人员"合并修改为"总则"，明确"施工单位应在施工资质等级许可范围内承揽工程""施工单位应建立健全安全生产责任体系，明确各级领导、职能部门和岗位的安全生产责任"。

（3）将 SY 6444"施工机具、设备和劳动防护""施工现场安全""安全检查和检测"合并修改为"现场通用要求"。

（4）将 SY 6444"施工作业安全"与 SY 6516 有关内容合并为"作业通用要求"。

2. SY/T 6279《大型设备吊装安全规程》

该标准的前身是《大型塔类设备吊装安全规程》，于 1997 年 7 月发布；2008 年 6 月，对其进行了第一次修订，扩展、细化和细分章节内容，并更名为《大型设备吊装安全规程》；2016 年 1 月，对其进行了第二次修订；2022 年 11 月，对其进行了第三次修订，于 2023 年 5 月实施。

该标准规定石油工业大型设备的吊装组织、吊装准备、桅杆起重器的安装使用、液压提（顶）升式门式起重机的安装和使用、流动式起重机（履带起重机、轮胎起重机和汽车起重机）的选择和使用、吊装过程的控制、应急管理等安全生产基本要求。最新标准主要的新增变化内容如下：

（1）增加了地基处理的要求和吊装前联合检查的内容要求。

（2）更改了吊装技术方案（措施）审核及批准资格、报批及变更程序的内容要求。

（3）更改了吊装技术方案（措施）、吊装计算书、吊装技术交底的内容要求。

（4）更改了液压提（顶）升门式起重机安装的内容要求。

（5）更改了吊装作业环境的内容要求。

3. SY/T 6430《浅海石油起重船舶吊装作业安全规范》

该标准于 1999 年制定，在 2010 年、2017 年对其进行了两次修订，主要规定了浅海石油工程起重船吊装作业前、作业中、作业后安全及应急处置的一般要求。最新标准主要新增变化内容有：

（1）增加了对吊装设计和现场吊装施工设计、作业前技术交底、起重作业人员证书、施工自然环境等要求，以及被吊物检查的内容。

（2）修改了范围、一般要求、应急处置等内容。

4. SY/T 10003《海上平台起重机规范》

该标准于 1996 年制定，在 2016 年对其进行了修订，主要对近海起重机的设计、制造和试验提出了详细要求。

（三）石油化工行业标准

**1. SH/T 3536《石油化工工程起重施工规范》**

该标准由中华人民共和国工业和信息化部2011年进行修订，主要规定了石油化工工程建设中常用起重机械、起重索具和吊具的使用及工件装卸、场内运输与工件吊装等起重施工的要求。

最新版标准主要新增变化内容如下：

（1）增加了起重施工环境保护的要求。

（2）增加了塔式起重机、桥式起重机、液压起重设备等起重机械的使用要求。

（3）增加了管式钢制桅杆的选择和要求。

（4）增加了使用液压起重设备吊装作业和特定条件起重作业的内容。

（5）增加了作业场地地基处理及地下设施的保护要求。

（6）补充了无接头钢丝绳圈、平衡梁和拉板式吊具等的使用要求。

（7）补充了常用管轴式吊耳和吊盖的结构形式。

**2. SH/T 3515《石油化工大型设备吊装工程施工技术规程》**

该标准由中华人民共和国工业和信息化部2017年进行修订，主要规定了石油化工大型设备吊装的施工工艺及技术要求。最新版标准主要增加了质量保证和HSE要求、地耐力检测方法，细化了吊车吊装工艺的内容。

**3. SH/T 3566《石油化工设备吊装用吊盖工程技术规范》**

该标准由中华人民共和国工业和信息化部2018年制定，2019年1月实施，主要规定了石油化工吊装用吊盖的设计、结构型式、制造、检验、验收与交付、安装与使用、维护与存放等技术要求。

（四）建筑工业行业标准

建筑工业行业标准主要涉及3项，即JG/T 54—1999《塔式起重机司机室技术条件》、JG/T 72—1999《塔式起重机用限矩型液力偶合器》（已废止）、JG/T100—1999《塔式起重机操作使用规程》，主要对塔式起重机的技术条件和使用做出了相关要求。

# 参 考 文 献

[1]文豪.起重机械［M］.北京：机械工业出版社，2013.

［2］崔碧海.起重技术［M］.重庆：重庆大学出版社，2017：264.

［3］张龙，范锦平.设备吊装工艺学［M］.成都：西南交通大学出版社，2021.

［4］何才厚.起重机械电气安全技术检验要求读解［M］.北京：电子工业出版社，2016：184.

［5］朱保才.施工机械［M］.重庆：重庆大学出版社，2016：274.

［6］施炯，赵敬法，张敏.建筑起重机械管理手册［M］.杭州：浙江工商大学出版社，2017：182.

［7］樊兆馥.重型设备吊装手册［M］.2版.北京：冶金工业出版社，2006.

［8］张鲁风.施工起重机械安全管理实操手册［M］.北京：中国建筑工业出版社，2016.

［9］辛士军.建筑工程吊装实例教程［M］.北京：机械工业出版社，2011.

［10］刘书彦，牛彦鹏.起重机械作业安全技术［M］.郑州：河南科学技术出版社，2014.

［11］高顺德.工程机械手册：工程起重机械［M］.北京：清华大学出版社，2018.

［12］王福绵.起重机械技术检验［M］.北京：学苑出版社，2000.

# 第二章　吊装作业安全技术

## 第一节　吊装作业力学知识及主要参数

吊装作业涉及力学基础知识及力学基本规则，如吊装作业中吊索具吊装角度的确定要遵循力的三角形规则，吊装作业要遵循合力矩定理，即力和力臂的乘积要平衡。因此掌握吊装基本力学规律，熟悉吊装作业的主要技术参数，可以提高现场作业安全能力。

### 一、力的合成与分解

作用于同一点并互成角度的力称为共点力，两力的合力作用效果可以通过下例演示来证明。如图 2-1 所示，弹簧长度 $l_0$，一端挂在 $O$ 点，另一端在 $A$ 点，各沿 $AB$ 和 $AD$ 方向加力 $F_1$ 和 $F_2$，力的大小按比例尺画出。在 $F_1$、$F_2$ 两力作用下，弹簧由 $l_0$ 沿 $OA$ 伸长为 $l$，然后去掉 $F_1$、$F_2$ 两力。在 $AC$ 方向施加力 $R$（利用法码逐渐加力），使弹簧同样沿 $OA$ 由 $l_0$ 伸长为 $l$，按比例尺画上 $R$。弹簧变形相等，受力相等，可知 $F_1$、$F_2$ 两力的合成效果和只一个力的作用效果相等，$R$ 是 $F_1$、$F_2$ 两力的合力。

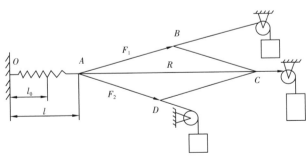

图 2-1　平面力系的合成

如果以 $F_1$、$F_2$ 作为两邻边，画平行四边形，我们发现合力 $R$ 正好是它的对角线，这就证明了力的平行四边形法则，即：两个互成角度的共点力，它们合力的大小和方向，可以用表示这两个力的线段作邻边所画出的平行四边形的对角线来表示。两个力的合力不能用算术的法则把力的大小简单相加，而必须按矢量运算法则，即平行四边形法则几何相加，可用图解法和三角函数计算法。

（一）图解法

例：已知 $F_1$、$F_2$ 两个力，其夹角为 70°，$F_1$ 即 $AB$ 为 800N，$F_2$ 即 $AD$ 为 400N，求合力 $R$（$AC$）为多少？

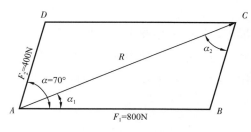

图 2-2　图解法分解平面力

方法：取比例线段 1cm 代表 200N，并沿力的方向将 $AB$ 和 $AD$ 二力按比例画出，取 $AB$ 长 4cm 代表 800N，取 $AD$ 长 2cm 代表 400N，经 $B$ 点及 $D$ 点分别作 $AD$ 与 $AB$ 的平分线交于 $C$ 点，连接 $AC$、量取 $AC$ 的长为 5cm，则合力为 200N×5=1000N。如图 2-2 所示。

（二）三角函数法

根据三角形正弦定理和余弦定理计算出合力 $R$：

$$R^2 = F_1^2 + F_2^2 - 2F_1F_2\cos(180° - \alpha) = F_1^2 + F_2^2 + 2F_1F_2\cos\alpha \tag{2-1}$$

$$R = \sqrt{F_1^2 + F_2^2 + 2F_1F_2\cos\alpha} \tag{2-2}$$

从力平行四边形法则可以看出，$F_1$、$F_2$ 力的夹角越小，合力 $R$ 就越大，当夹角为零时，分力方向相同，作用在同一直线上，合力 $R$ 最大。反之，夹角越大，合力 $R$ 就越小，当夹角为 180°时，二分力方向相反，作用在同一直线上，合力最小。

力的分解是力的合成的逆运算，同样可以用平行四边形法则，将已知力作为平行四边形的对角线，两个邻边就是这个已知力的两个分力。显然如果没有方向角度的条件限制，对于同一条对角线可以作出很多组不同的平行四边形。邻边（分力）的大小变化很大，因此应有方向、角度条件。

汽车起重机（图 2-3）是比较常见的起重设备，工作时车轮悬空，$A$、$B$ 两对支腿起到对整个吊车的支撑作用，已知汽车起重机下车部

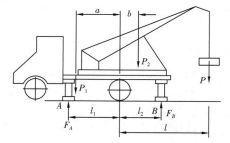

图 2-3　汽车起重机受力分析图

分重量为 $P_1$，上车（回转部分）总重为 $P_2$，吊物重量为 $P$，$A$、$B$ 两对支腿与地面的支撑力分别为 $F_A$、$F_B$，起重机维持平衡的条件即：

$$P_1+P_2+P=F_A+F_B \tag{2-3}$$

## 二、重心确定

一个物体的各部分都要受到重力的作用。从效果上看，我们可以认为各部分受到的重力作用集中于一点，这一点叫做物体的重心。在基建施工中构件的吊装、大型设备制造时的整体翻转及各种物体的运输吊装，都遵循和运用物体重力与外力平衡的规律进行作业，否则由于吊点选择不当，起吊时物体就会失去平衡，发生翻倒或滑脱事故。因此，在起重作业中，确定被吊物体的重心位置是重要的基础环节。

质量均匀分布的物体（均匀物体），重心的位置只跟物体的形状有关。有规则形状的物体，它的重心就在几何中心上，例如，均匀细直棒的中心在棒的中点，均匀球体的重心在球心，均匀圆柱的重心在轴线的中点。质量分布不均匀的物体，重心的位置除跟物体的形状有关外，还跟物体内质量的分布有关。载重汽车的重心随着装货多少和装载位置而变化，起重机的重心随着提升物体的重量和高度而变化。

对于不规则形状的物体，其重心位置可以通过计算来确定。在形状复杂但材质均匀分布的情况下，可以将物体分解为若干个简单的几何体。确定各部分的重量及其重心位置坐标，利用重心合成的原理来计算整个物体的重心坐标值。这一过程涉及对各个几何体重心位置坐标的加权平均，权重为各几何体的重量，可用公式（2-4）～公式（2-6）计算整个物体的重心坐标值。

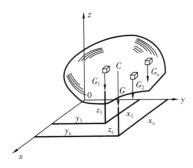

图 2-4　不规则形状物体的重心

$$X_c = \sum G_i X_i / G \tag{2-4}$$

$$Y_c = \sum G_i Y_i / G \tag{2-5}$$

$$Z_c = \sum G_i Z_i / G \tag{2-6}$$

式中　$X_c$——整个物体重心在坐标系中的横坐标；

　　　$Y_c$——整个物体重心在坐标系中的纵坐标；

　　　$Z_c$——整个物体重心在坐标系中的竖坐标；

　　　$G$——整个物体的总重量；

　　　$G_i$——某单元物体的重量；

　　　$X_i$——某单元物体在坐标系中的横坐标；

　　　$Y_i$——某单元物体在坐标系中的纵坐标；

　　　$Z_i$——某单元物体在坐标系中的竖坐标。

## 三、吊装半径划定

吊装作业中通常涉及两个半径（图 2-5）：一个是作业半径，又称作业幅度，是指起重设备臂架和吊钩之间的水平距离；另一个是回转半径，指的是吊物旋转时的最小需要空间半径，也就是吊装用于回转的起重机臂长度与吊物自身尺寸之和。在实际施工中，吊装回转半径通常是通过移除可移动物件、拆除周边建筑物等方式来实现。

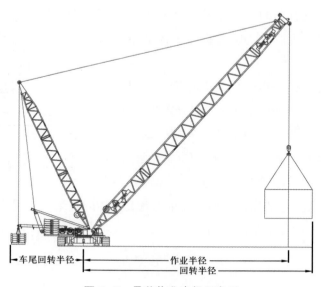

图 2-5　吊装作业半径示意图

（一）吊装作业半径的确定

作业半径的计算对于吊装工程的安全和顺利进行非常重要，因此在进行吊装作业之前，必须正确计算吊装半径。作业半径的计算方法有多种，下面将介绍两种常用的计算方法。

1. 方法一：简化计算法

该方法适用于吊装高度相对较低的情况，且适用于较简单的吊装操作。

测量起重设备臂架回转中心与吊钩之间的直线距离，即为吊装半径。此方法适用于直线吊装的情况，如将物体从 $A$ 点吊装到 $B$ 点。

2. 方法二：计算机放样法

使用绘图软件绘制吊装平面布置图，使用测量工具直接获得作业半径数值。

（二）吊装回转半径的确定

1. 吊装回转半径的影响因素

吊装回转半径的大小主要受以下因素影响：

（1）吊物本身的尺寸和重量。

（2）吊物所存放位置的高度。

（3）吊物周围环境的空间大小和交通情况等。

以上三个因素综合考虑，可以有效地选择合适的吊装方案，避免由于吊装回转半径小导致的施工难题，保证吊装作业的安全性和效率。

2. 吊装回转半径的确定方法和步骤

（1）现场模拟测量法：先确定需要吊装物件的中心位置，用绳索或其他工具将标记物件吊装运行过程中影响范围包括吊车尾部回转扫空区域；用卷尺直接测量出标记点的距离即为回转半径。

（2）计算机放样：使用绘图软件绘制吊装平面布置图，使用测量工具直接获得回转半径数值。

吊装回转半径在作业现场广泛应用，不仅在建造房屋和大型机器设备的过程中进行常规操作，还可以通过计算找出最优的吊装方案，减少施工作业风险和成本。

例如，在建造高层建筑时，吊装回转半径可以用于调度吊车和钢索的位置，通过多次试验和改进，使工作效率尽可能高，并保障工人的安全。

### 四、吊索具的工作载荷

索具主要有金属索具和合成纤维索具两大类。金属索具主要有：钢丝绳吊索类、链条吊索类、卸扣类、吊钩类、吊（夹）钳类、磁性吊具类等。合成纤维索具主要有：以锦纶、丙纶、涤纶、高强高模聚乙烯纤维为材料生产的绳类和带类索具。吊装作业中最常见的索具主要有钢丝绳、合成纤维吊装带、卸扣。

（一）钢丝绳

钢丝绳是由 0.2～4mm 的优质高强度碳素钢钢丝围绕绳芯绕捻而成（有时为了防腐表面镀锌）。其钢丝的抗拉强度为 1200～2000N/mm$^2$，中间芯子有麻芯、石棉芯和金属芯（铅芯、钢芯）。芯子视其工作条件而定，通常为浸油麻芯。

它具有以下优点：强度高、能承受冲击载荷；挠性较好，使用灵活；钢丝绳磨损后，外表会产生许多毛刺，易于检查。破断前有断丝预兆，且整根钢丝绳不会立即断裂。起重作业用钢丝绳成本较低。因此不但在吊装作业中得到广泛应用，还用于起重机械起升机构、变幅机构、牵引机构中作为卷绕绳等。

钢丝绳的工作载荷根据其抗拉强度、直径、结构形式、安全系数及工作夹角确定，普通钢丝绳的主要参数见表 2-1：

钢丝绳的安全系数为标准规定的钢丝绳在使用中允许承受拉力的储备拉力，即钢丝绳使用中破断的安全裕度，其取值应符合下列规定：

• 作拖拉绳时，应大于或等于 3.5。
• 作卷扬机跑绳时，应大于或等于 5。
• 作捆绑绳扣使用时，应大于或等于 6。
• 作系挂绳扣时，应大于或等于 5。
• 作载人吊篮时，应大于或等于 14。

（二）合成纤维吊装带

在吊装表面光滑的零件、软金属制品、磨光的轴销，或者其他表面不许磨损的设备时，必须使用尼龙绳、涤纶绳等非金属绳索。现今科学技术发展突飞猛进，当前科学技术很好的兼具尼龙绳和涤纶绳两者物理力学性能，制造出合成纤维吊装带，它已在吊装作业中广泛使用，所以有必要了解两者的物理力学性能：

合成纤维吊装带的优点是轻、柔软、耐腐蚀，并具有弹性，能减少冲击。缺点是不耐高温。

表2-1 普通钢丝绳的主要参数

| 钢丝绳直径 D, mm | 允许偏差 % | 钢丝绳参考重量 kg/100m | | | 钢丝绳公称抗拉强度, MPa（钢丝绳最小破断拉力, kN） | | | | | | | | | |
| | | 天然纤维芯钢丝绳 | 合成纤维芯钢丝绳 | 钢芯钢丝绳 | 1570 | | 1670 | | 1770 | | 1870 | | 1960 | |
| | | | | | 纤维芯钢丝绳 | 钢芯钢丝绳 | 纤维芯钢丝绳 | 钢芯钢丝绳 | 纤维芯钢丝绳 | 钢芯钢丝绳 | 纤维芯钢丝绳 | 钢芯钢丝绳 | 纤维芯钢丝绳 | 钢芯钢丝绳 |
| 12 | 50 | 54.7 | 53.4 | 60.2 | 74.6 | 80.5 | 79.4 | 85.6 | 84.1 | 90.7 | 88.9 | 95.9 | 93.1 | 100 |
| 13 | | 64.2 | 62.7 | 70.6 | 87.6 | 94.5 | 93.1 | 100 | 98.7 | 106 | 104 | 113 | 109 | 118 |
| 14 | | 74.5 | 72.7 | 81.9 | 102 | 110 | 108 | 117 | 114 | 124 | 121 | 130 | 127 | 137 |
| 16 | | 97.3 | 95 | 107 | 133 | 143 | 141 | 152 | 150 | 161 | 158 | 170 | 166 | 179 |
| 18 | | 123 | 120 | 135 | 168 | 181 | 179 | 193 | 189 | 204 | 200 | 216 | 210 | 226 |
| 20 | | 152 | 148 | 167 | 207 | 224 | 220 | 238 | 234 | 252 | 247 | 266 | 259 | 279 |
| 22 | | 184 | 180 | 202 | 251 | 271 | 267 | 288 | 283 | 305 | 299 | 322 | 313 | 338 |
| 24 | | 219 | 214 | 241 | 298 | 322 | 317 | 342 | 336 | 363 | 355 | 383 | 373 | 402 |
| 26 | | 257 | 251 | 283 | 350 | 378 | 373 | 402 | 395 | 426 | 417 | 450 | 437 | 472 |
| 28 | | 298 | 291 | 328 | 406 | 438 | 432 | 466 | 458 | 494 | 484 | 522 | 507 | 547 |
| 30 | | 342 | 334 | 376 | 466 | 503 | 496 | 535 | 526 | 567 | 555 | 599 | 582 | 628 |
| 32 | | 389 | 380 | 428 | 531 | 572 | 564 | 609 | 598 | 645 | 632 | 682 | 662 | 715 |
| 34 | | 439 | 429 | 483 | 599 | 646 | 637 | 687 | 675 | 728 | 713 | 770 | 748 | 807 |
| 36 | | 492 | 481 | 542 | 671 | 724 | 714 | 770 | 757 | 817 | 800 | 863 | 838 | 904 |

续表

| 钢丝绳直径 | 允许偏差 | 钢丝绳参考重量 kg/100m | | | 钢丝绳公称抗拉强度，MPa / 钢丝绳最小破断拉力，kN | | | | | | | | | |
| --- | --- | --- | --- | --- | --- | --- | --- | --- | --- | --- | --- | --- | --- | --- |
| | | | | | 1570 | | 1670 | | 1770 | | 1870 | | 1960 | |
| D, mm | % | 天然纤维芯钢丝绳 | 合成纤维芯钢丝绳 | 钢芯钢丝绳 | 纤维芯钢丝绳 | 钢芯钢丝绳 | 纤维芯钢丝绳 | 钢芯钢丝绳 | 纤维芯钢丝绳 | 钢芯钢丝绳 | 纤维芯钢丝绳 | 钢芯钢丝绳 | 纤维芯钢丝绳 | 钢芯钢丝绳 |
| 38 | | 549 | 536 | 604 | 748 | 807 | 796 | 858 | 843 | 910 | 891 | 961 | 934 | 1010 |
| 40 | | 608 | 594 | 669 | 829 | 894 | 882 | 951 | 935 | 1010 | 987 | 1070 | 1030 | 1120 |
| 42 | | 670 | 654 | 737 | 914 | 986 | 972 | 1050 | 1030 | 1110 | 1090 | 1170 | 1140 | 1230 |
| 44 | | 736 | 718 | 809 | 1000 | 1080 | 1070 | 1150 | 1130 | 1220 | 1190 | 1290 | 1250 | 1350 |
| 46 | | 804 | 785 | 884 | 1100 | 1180 | 1170 | 1260 | 1240 | 1330 | 1310 | 1410 | 1370 | 1480 |
| 48 | 50 | 876 | 855 | 963 | 1190 | 1290 | 1270 | 1370 | 1350 | 1450 | 1420 | 1530 | 1490 | 1610 |
| 50 | | 950 | 928 | 1040 | 1300 | 1400 | 1380 | 1490 | 1460 | 1580 | 1540 | 1660 | 1620 | 1740 |
| 52 | | 1030 | 1000 | 1130 | 1400 | 1510 | 1490 | 1610 | 1580 | 1700 | 1670 | 1800 | 1750 | 1890 |
| 54 | | 1110 | 1080 | 1220 | 1510 | 1630 | 1610 | 1730 | 1700 | 1840 | 1800 | 1940 | 1890 | 2030 |
| 56 | | 1190 | 1160 | 1310 | 1620 | 1750 | 1730 | 1860 | 1830 | 1980 | 1940 | 2090 | 2030 | 2190 |
| 58 | | 1280 | 1250 | 1410 | 1740 | 1880 | 1850 | 2000 | 1960 | 2120 | 2080 | 2240 | 2180 | 2350 |
| 60 | | 1370 | 1340 | 1500 | 1870 | 2010 | 1980 | 2140 | 2100 | 2270 | 2220 | 2400 | 2330 | 2510 |
| 62 | | 1460 | 1430 | 1610 | 1990 | 2150 | 2120 | 2290 | 2250 | 2420 | 2370 | 2560 | 2490 | 2680 |
| 64 | | 1560 | 1520 | 1710 | 2120 | 2290 | 2260 | 2440 | 2390 | 2580 | 2530 | 2730 | 2650 | 2860 |

注：来自 GB/T 8918—2006《重要用途钢丝绳》。

尼龙及涤纶绳索都耐油，不怕虫蛀，细菌不能繁殖。涤纶的抗水性能达99.6%，尼龙的吸水性只有4%，这两种绳索都能耐有机酸和无机酸的腐蚀。

尼龙绳与涤纶绳计算公式如下。

近似破断拉力［单位为牛（N）］见公式（2-7）：

$$S_{破断} = 110d^2 \qquad (2-7)$$

极限工作拉力［单位为牛（N）］见公式（2-8）：

$$S_{极限} = \frac{S_{破断}}{k} = \frac{110d^2}{k} \qquad (2-8)$$

注：尼龙绳与涤纶绳安全系数 $k$ 选取不得小于6倍。

合成纤维吊装带是由高韧性的合成纤维连续多丝编织而成的柔性吊装用的索具（分为扁平吊装带、圆形吊装带两种类型），它使用起来有轻便、弹性小、减震、不腐蚀、不导电等特点，越来越广泛用于工件捆绑和吊装作业中。圆形吊装带有外套，它不仅对吊带丝束起保护作用，在超载或经长期使用承载芯可能有局部损伤时，外套会首先断裂示警。

（三）卸扣

卸扣又称卡扣或卡环，其使用便捷、安全可靠，是起重作业中广泛使用的连接工具，目前石油石化行业起重作业的卸扣类型按产品分类主要包括D形卸扣、弓形卸扣、扁平卸扣等，按其形状分为D形卸扣（DW）（图2-6）、带螺母D形卸扣（DX）（图2-7）、弓形卸扣（BW）（图2-8）、带螺母弓形卸扣（BX）（图2-9）。

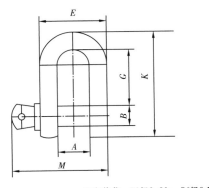

额定载荷：T8级2~80t，S6级0.5~55t

图2-6 DW型

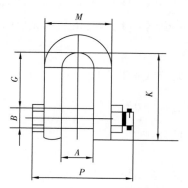

额定载荷：T8级2t—110t，S6级0.5t—55t

图2-7　DX型

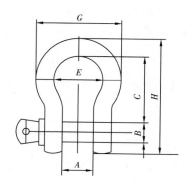

额定载荷：T8级2t—80t，S6级0.5t—55t

图2-8　BW型

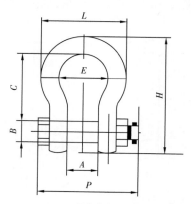

额定载荷：T8级2t—175t，S6级0.5t—1250t

图2-9　BX型

## 五、吊装作业相关技术参数

吊装参数指进行吊装作业时需要的相关参数，这些参数往往会影响到起重机的选择，现场布置、具体吊装方案的确定，其中主要参数有：

• 被吊物件参数：物件总重量、吊装总重量、物件外形尺寸、物件重心高度、吊点方位、安装高度、就位基础及周边环境。

• 吊装施工的工艺：单机吊装、多机抬吊、吊装系统吊装等。

• 吊装机具：起重吊装机具的选用、机具安装拆除的工艺要求、机具数量。

• 吊装布置图：吊装平面图、吊装立面图、物件运输路线、摆放位置、设备组装位置、吊装位置，吊装过程中吊装机械、设备、吊索、吊具及障碍物之间的相对距离。

• 采用桅杆系统吊装时还应考虑桅杆安装的位置、缆风绳布置、地锚点设置、卷扬机及跑绳的布置。

• 吊装作业区域地基处理措施及相关参数。

另外值得注意的是，起重工在现场吊装作业中，往往会忽视吊索（钢丝绳、合成纤维吊装带）与吊钩垂线间夹角大小的关系。在起吊重物时，虽被吊物体重量不变，但随着夹角的变化，吊索的受力也会发生变化（表2-2），现场吊装作业的起重工应选择相应大小适宜的吊索，防止吊索超载以免发生事故。所以在吊装作业中，通常吊索与吊钩垂线间的夹角不大于45°为宜，一般选用30°。

表2-2　吊索受力计算结果图表

| 计算简图 | | | | |
|---|---|---|---|---|
| 夹角 $\alpha$ | 0° | 30° | 45° | 60° |
| $K_1$ | 1 | 1.15 | 1.41 | 2 |
| $\dfrac{Q}{n}$, kN | 5 | 5 | 5 | 5 |
| $S = K_1 \cdot \dfrac{Q}{n}$, kN | 5 | 5.75 | 7.07 | 10 |
| $\alpha$——吊索与竖直方向的夹角；$K_1$——对应角度的折算系数；$Q$——吊物重量；$n$——安全系数；$S$——单只吊索受力。 | | | | |

## 第二节 设备吊点、吊索具选择和使用

### 一、设备吊点、吊耳及标识

吊点就是通过吊耳、吊钩等连接件与起重机的吊索相连的结构点。

#### （一）吊点的设置与选择

**1. 吊点设置的原则**

（1）应保证设备吊装平稳。

（2）应满足设备结构稳定性和强度要求。

（3）吊索、吊具等应有足够的空间。

（4）负荷分配应满足吊装要求。

（5）应利于设备就位及吊索、吊具的拆除。

**2. 吊耳设置的要求**

（1）设备吊耳应由施工单位提出技术条件，并应由设计单位确认。设备吊耳宜与设备制造同步完成。

（2）不锈钢和有色金属设备的吊耳补强板应与设备材质相同，其余材质设备的吊耳补强板应与设备材质相同或接近。

（3）吊耳应满足最大吊装荷载下吊耳的自身强度和设备局部强度的要求。

**3. 吊点和吊耳的选择**

（1）吊耳分为固定式吊耳和移动式吊耳。在吊装作业时，应根据设备设施的形状特点、重心位置，正确选择及设置吊耳，立式设备宜选 TP、SP、AX 型吊耳，卧式设备宜选 HP 型吊耳，塔式设备宜选 AP 型尾部吊耳；反应器类设备宜采用吊盖，卧式设备设施可采用兜绑式吊点，立式设备设施可采用捆绑式吊点，既没有吊耳又不便于用吊索捆绑的立式设备设施可采用抱箍式吊耳。吊耳的选择可参考 HG/T 21574—2018《化工设备吊耳设计选用规范》。

（2）有吊耳设备设施（图 2-10）：上下部均有吊耳的设备，宜采用下部吊耳吊装，减少人员攀爬、高处作业带来的风险。吊耳设置在顶部的设备设施，尽量整改为使用底部吊耳，确实不能整改的可采用安装上下梯子、安全护栏、操作平台、设

置生命线等安全防护设施的方式，降低人员摘挂吊索具时高处坠落的风险。挂钩式吊耳，宜将挂钩进行全封闭，使用符合标准要求的卸扣，消除脱钩风险。

图 2-10　有吊耳的设备设施

（3）无吊耳设备设施：拉筋、管道、管材等长形设备设施宜加装带孔吊耳，使用卸扣加吊带或绳套吊装。高压管汇、水龙带、井控内防喷软管和防喷管线、压裂固井管汇、测试防喷管线、泥浆上水软管和出口管汇等各类管材应标识吊耳位置，或采用提篮吊装。铺台、排气管线、过桥、工具箱等无吊耳设备，需评估重心后加装吊耳。防喷器组若需组合吊装或整体吊装，需加装带吊耳托盘。

（4）组合件及偏心设备设施：电缆槽吊装、栏杆吊装等组合件吊装及油罐、化工反应罐等重心偏移设备设施吊装应评估捆绑、滑脱、旋转等风险，查阅铭牌或说明书，或目测估计设备设施重心位置及尺寸，采用试吊法确定吊耳。

（5）翻转设备设施：常见翻转方法为"兜翻法"，将吊耳选择在物体重心之下，或将吊耳选择在重心一侧，同时指挥吊车使吊钩向翻转方向移动或主副钩配合完成翻转，避免物体倾倒后的碰撞冲击。

（6）设施设施安装平衡辅助吊耳：在设备设施安装精度要求较高时，可采用选择辅助吊耳，配合简易吊具调节设备设施平衡的吊装方法。

（二）吊耳标识

吊耳应采用两种标记方法，一种为参考 HG/T 21574—2018《化工设备吊耳设计选用规范》进行标记，一种为参考匹配吊索具类型进行标记。

（1）参考 HG/T 21574—2018《化工设备吊耳设计选用规范》进行标记。

标记方法如图 2-11 所示。

（2）参考匹配吊索具类型进行标记。应对设备设施吊耳采取设备本色醒目反差标识（如设备本体颜色为红色，使用白色进行吊耳标识），标识内容包括吊索具规格、长度、数量等内容（如19mm×9m×4根），需使用卸扣连接的吊物还应标明卸扣规格和数量（如19mm×9m×4根+10T×4只卸扣），标识文字规格应统一（图2-12）。设置有多组吊耳的设备设施，应使用不同颜色标识各组吊耳，便于区分，防止误挂。无法设置固定吊耳，采取兜挂、系挂等方式的设备设施，应采取明显标记，确保吊挂重心稳定。

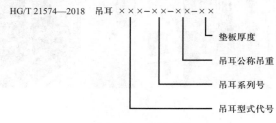

图2-11　标记方法

图2-12　吊索具的标记

（三）吊耳及吊耳标识的日常管理

（1）首次使用吊耳起吊作业，应进行探伤及试吊，验证吊耳的可靠性，对存在缺陷的吊耳应进行论证，再重新设置吊耳，重复探伤及试吊流程。

（2）建立定期及吊装作业前吊耳检查机制，对设备设施吊耳锈蚀状况、吊耳变形情况、焊接质量、吊耳标识是否齐全正确等进行全面检查，对存在的问题应及时整改，严禁吊耳存在问题进行冒险吊装作业。

（3）建立设备设施吊耳清单，明确设备设施名称、吊耳数量、吊索具规格、吊索具取挂方式等内容。

（4）建立吊耳选择及检查维护培训机制，培训员工具备正确选择及使用吊耳和吊索具的安全技能。

（5）对于设备设施的搭载物件，必须固定牢靠且作出规定，防止每次搭载物件不同造成吊耳与标识不符。

（6）板式吊耳与吊索的连接应采用卸扣，不得将吊索与吊耳直接相连。板式吊耳的设置应与受力方向一致，对于受力方向随着起吊过程编号的吊耳，应在吊耳的两侧设置筋板。

## 二、吊索具选择

### （一）钢丝绳索具

钢丝绳索具是以钢丝绳为原料经过加工而成，主要用于吊装、牵引、拉紧和承载的绳索。钢丝绳索具有强度高、自重轻、工作平稳、不易骤然整根折断等特点，广泛应用于石油石化、大型钢结构安装等行业。常用的钢丝绳品种有磷化涂层钢丝绳、镀锌钢丝绳、不锈钢丝绳和光面钢丝绳。钢丝绳索具按照加工方式的不同可以分为三种：插编钢丝绳索具、压制／浇铸钢丝绳索具和无接头钢丝绳圈。

#### 1. 插编钢丝绳索具

插编钢丝绳索具是指将一端或两端用插接或压制的方式加工成圆环状的索具（图2-13）。在实际施工中，经常需对钢丝绳进行编插操作。钢丝绳的编插一般是为了达到两个目的，一是钢丝绳需要接长，二是插制绳扣。钢丝绳需要接长时，接头连接必须牢固可靠。接起来的钢丝绳一般不应用在滑车组上。

(a) 无套环的索扣

(b) 有套环的索扣

图2-13　插编钢丝绳索具

## 2. 压制钢丝绳索具

压制钢丝绳索（图 2-14）又称为压制钢丝绳扣，钢丝绳的环套用金属套管通过压套机压制固结而成。钢丝绳索应由专业厂家生产，不得自行压制。压制接头部分不得与设备接触，避免其受到横向力作用。

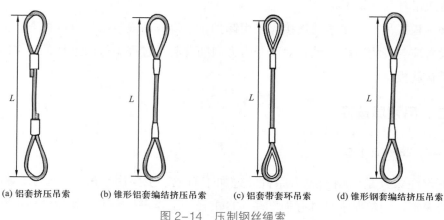

(a) 铝套挤压吊索　　(b) 锥形铝套编结挤压吊索　　(c) 铝套带套环吊索　　(d) 锥形钢套编结挤压吊索

图 2-14　压制钢丝绳索

## 3. 无接头钢丝绳圈

无接头钢丝绳圈（图 2-15）又称为钢丝绳套，是以一根一定直径的钢丝绳为子绳，按所需周长绕成的只有一个子绳接头的绳圈，是钢丝绳索具的特殊形式，也叫无端头钢丝绳索。其适用于大型设备的吊装，是近代发展起来的吊装索具，钢丝绳套的长度为钢丝绳套周长的 1/2。钢丝绳套应由专业厂家生产，不得自行编制。

图 2-15　无接头钢丝绳圈

## 4. 钢丝绳的受力估算公式

在现场施工中，经常要根据使用条件和受力大小来选择钢丝绳的规格或确定已有某规格的钢丝绳能承受的负荷，均需使用钢丝绳表查找其破断拉力，施工人员感到不便，若能采用近似公式计算钢丝绳的破断拉力，不但解决了携带钢丝绳表的不便，而且能迅速准确地得到不同直径、不同抗拉强度的钢丝绳的破断拉力，来满足施工现场的需要。因此我们根据实际工作情况，突出计算的简便、适用和可操作性，在这里重点介绍钢丝绳承载力的估算公式。

钢丝绳的钢丝抗拉强度 $1400N/mm^2$ 作为近似破断拉力计算的依据，以此破断拉力除以安全系数，便得出钢丝绳的近似极限工作拉力。此方法偏于安全，未考虑钢丝绳的破损情况。

钢丝绳承载力估算方法如下。

钢丝绳的近似破断拉力见公式（2-9）：

$$S_{破断} = 500d^2 \tag{2-9}$$

钢丝绳的近似极限工作拉力（许用拉力）见公式（2-10）：

$$S_{极限} = \frac{S_{破断}}{K} = \frac{500d^2}{K} \tag{2-10}$$

（也可近似取 $S_{极限} = 100d^2$）

式中　$S_{破断}$——钢丝绳抗拉强度为 $1400N/mm^2$ 时的近似破断拉力，单位为牛（N）；

　　　$d$——钢丝绳的直径，单位为毫米（mm）；

　　　$K$——钢丝绳安全系数。

在现场起重吊装施工作业中钢丝绳基本用于捆绑吊装，为了安全起见一般取钢丝绳的安全系数 $K=10$。

### （二）合成纤维吊装带

随着高强度合成纤维的出现，对产品外观质量要求的提高，以及更加关注操作人员的工作效率和劳动强度，一种使用合成纤维材料代替钢丝和采用纤维纺织技术代替钢丝绳的捻制技术开发的轻质、高强度吊装索具被开发出来，就是目前常见的合成纤维吊装带（简称吊装带）。其抗拉强度和延伸率接近或达到了钢丝绳的性能，直接接触被吊零部件不会划伤其表面，既保证了产品的精度要求，也提高了其外观质量。

#### 1.吊装带基本结构

吊装带（图2-16）是由吊装带本体、两端软环、端配件等组成，不同类型的配置有所不同。吊装带的本体部分由承载芯和耐磨套组成，耐磨套不承载，只起保护作用，延长吊装带使用寿命。吊装带的软环是连接吊装带的设备，有些配置了专业的配件，以易于连接。

(a) 环形圆吊装带　　　(b) 双眼圆形吊装带　　　(c) 双眼扁平吊装带　　　(d) 扁平环形吊装带

图 2-16　各类吊装带

2．吊装带特点

（1）吊装时能很好地保护被吊物品，使其表面不被损坏。

（2）使用过程中减震、不腐蚀、不导电，在易燃易爆的环境下不产生火花，重量只有钢丝绳金属吊具的 20%～25%，便于携带及进行吊装准备工作。

（3）弹性伸长率较小，减少了反弹伤人的危险。

（4）柔软、易折叠，便于存放和保管。

3．吊装带分类

1）按形状分类

可分为圆形吊装带和扁平吊装带等，以及根据特定吊装需求，使用复式吊带、环形吊带及"T"形、"Y"形等特殊形状的吊带。

2）按用途分类

可分为耐酸吊装带、耐碱吊装带、高强吊装带、高强纤维吊装带和防腐吊装带等。

3）按使用方式分类

可分为牵引带、起重吊装带等。

4）按材质分类

以编织吊装带的材质划分，一般分为聚酰胺（PA）吊装带、聚酯（PES）吊装带和聚丙烯（PP）吊装带等，并在吊装带的标签上以不同的颜色表示其材质，即绿色为聚酰胺、蓝色为聚酯、棕色为聚丙烯。

（三）卸扣

卸扣又称卡扣、卡环、卸甲或牛鼻扣，由于使用便捷安全可靠，是起重作业中广泛使用的连接工具。常作连接起重滑车、吊环或吊索一端绑扎物件之用。卸扣使用时，应只承受纵向拉力，严禁横向受力。

卸扣由卸扣本体和横销组成。卸扣分为螺纹销直形卸扣（GD 型）和光直销直形卸扣（GE 型）两种。螺纹销又分直接旋入和螺母连接两种。螺纹销直形卸扣在起重吊装作业中最常用。卸扣根据用途，可分为船用卸扣和一般起重用卸扣。起重用卸扣分为 D 形卸扣和弓形卸扣两种。

卸扣规格型号表示方法由四组符号组成。

• 第一组为一位拼音字母和一位阿拉伯数字加圆括号，表示强度级别。

• 第二组为二位拼音字母，表示结构形状。

• 第三组为阿拉伯数字和重量单位，表示起重量，单位为吨（t）。

• 第四组为阿拉伯数字，表示本体直径，单位为英寸（in）❶。

示例如图 2-17 所示。

卸扣是用整体毛坯件锻造而成。根据制造卸扣材料的强度极限（破断力），可分为 M（4）、S（6）和 T（8）三级，见表 2-3。

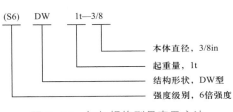

图 2-17　卸扣规格型号表示方法

表 2-3　卸扣强质—材质表

| 强度级别 | 推荐用钢材 |
| --- | --- |
| M（4） | 20 |
| S（6） | 20Cr，20Mn2 |
| T（8） | 35 Cr Mo |

### 三、吊索具的使用、维护保养和报废

吊索具应贮存在通风、干燥场所，防止阳光直射、紫外线辐射、热气烘烤、接触酸碱等具有腐蚀性的物质；存放前应清除表面细屑杂物和绳股间的油污，并涂上油脂；吊索具应分类卷绕放置在垫板或悬挂在货架上，严禁混杂存放；应定点存放、定人保管、定期保养，操作人员应熟知所用钢丝绳吊索及其配件的结构、使用要求、报废标准。

使用单位应有钢丝绳吊索使用、维护保养规程及相应的安全管理规定，并建

---

❶ 1in=25.4mm。

立台账。台账应包含吊索具编号、名称、规格型号、额定载荷、生产厂家、领取日期、领用单位等信息。

（一）钢丝绳

1. 钢丝绳的使用要求

（1）不应使用自制钢丝绳吊索。

（2）选用钢丝绳吊索应符合安全使用要求。吊装作业时，钢丝绳吊索的安全工作载荷应与配套使用吊具的安全工作载荷相一致。

（3）作业现场配备的吊索钢丝绳必须具有标志或标牌，无标志或标志模糊不清的不应使用。

（4）在吊装作业前，应对钢丝绳吊索及其配件进行检查，确认其结构性能完好。

（5）使用两根及以上钢丝绳吊索共同起吊时，需计算吊索肢夹角、降级使用折损、收口角产生的系数乘积，确定吊索具总的安全工作载荷。

（6）拴挂前，应正确选择起重拴挂连接点并确认其牢固性。提升前应确认钢丝绳吊索与拴挂连接点连接的可靠性。

（7）应防止损坏钢丝绳吊索及配件，应在被吊物棱角处和吊索间加护角防护。

（8）钢丝绳吊索处于扭曲、打结、缠绕的状态时不应使用。

（9）钢丝绳吊索起吊应平稳，避免冲击载荷的作用。

（10）危险品吊装作业，被吊物重量不应超过钢丝绳吊索安全工作载荷的80%。

2. 钢丝绳的维护保养

（1）对贮存期超过两年的钢丝绳吊索，应经检验合格后使用。

（2）无相应保护措施的情况下，不得暴露于腐蚀性介质中。

（3）在移动钢丝绳吊索和货物时，不应拖拽将钢丝绳吊索从承载状态下取出。

3. 钢丝绳的报废

应在每次使用前、使用后进行检查，有下列情况之一时，应予以报废，达到报废标准的吊索具应割断处置。

（1）一个捻距内钢丝绳断丝数6根及以上，一个捻距内同一股顶部断丝数3根以上，一个捻距内有2根谷部断丝。

（2）直径相对公称直径减少5%。

（3）被压扁、扭结、弯折、笼状畸变、绳股断裂。

（4）出现绳股松散、股断裂、绳芯外露现象。

（5）钢丝绳被腐蚀、烧熔、严重锈蚀（锈蚀清除后，钢丝绳直径相对公称直径减少 5%）。

（6）环眼连接部位，钢丝绳松动或错动。

（二）吊装带

1. 吊装带的使用要求

（1）工作温度应满足不同材质吊装带要求，聚酯及聚酰胺吊装带工作温度为 $-40\sim100℃$，聚丙烯吊装带的工作温度为 $-40\sim80℃$。但在低温、潮湿环境下，吊装带不允许淋湿，以免内部形成割口及磨损，损伤吊装带的内部结构。

（2）工作环境一般要求无酸碱介质，不允许和腐蚀性的化学物品（如酸、碱等）接触，特殊定制的吊装带除外。

（3）当被吊装物品有棱角时，必须采取防护措施。

（4）确认吊装带所能承载的重量和长度，并采用正确的吊装方式及系数。

（5）应正确选择吊点，提升前应确认捆绑是否牢固。必须进行试吊，确认稳妥后再继续下一步作业。

（6）使用时不要让吊装带处在打结、扭、绞的状态，承载时不准转动货物使吊装带打拧。

（7）吊装带在工作时，不准拖拉吊装带，以防损坏吊装带。

（8）使用吊装带吊装物品时，不允许长时间悬吊货物。

（9）不允许超负荷使用吊装带，如同时使用几支，应尽可能使负荷均布在几支吊装带上。

（10）不允许将软环同任何可能对其造成损坏的装置连接起来，软环连接的吊挂装置应是平滑、无任何尖锐的边缘，其尺寸和形状不应撕开吊装带缝合处。

（11）使用带有软环眼的吊装带时，用于和吊钩相连的吊装带环眼的最小长度不小于吊钩受力点处最大厚度的 3.5 倍。

（12）不得将被吊物压在吊装带上，更不允许将吊装带从物品下强行抽拉。

2. 吊装带的维护保养

（1）吊装带应按照产品说明书或制造厂家的要求进行维护保养，保证其产品的性能和状态完好，确保吊装工程的安全。

（2）不要把吊装带存放在有明火或其他热源附近，并应注意避光保存。

（3）吊装带被弄脏或在有酸、碱倾向的环境中使用后，应立即将吊装带清洗干净。

（4）定期对吊装带进行检查检验，对不合格或有缺陷的吊装带要降级或报废使用，检查内容包括：

① 有无穿孔切口、撕断。

② 有无接缝绽开、缝线磨断。

③ 是否有软化、老化、弹性变小、强度减弱现象。

④ 纤维表面是否粗糙、易于剥落。

⑤ 吊装带有无出现死结。

⑥ 吊装带表面是否存在点状疏松、腐蚀、酸碱烧损及热熔化或烧焦；带有红色警戒线吊装带的警戒线是否裸露。

（5）吊装带每次使用前，应按照检验程序进行检验，包括吊装带标签、标识是否清晰、使用状态等。

（6）对于长期搁置未使用的吊装带，使用前应进行静载和动载试验进行校验，确认其性能是否发生改变，以确保安全使用。

（7）考虑到吊装带结构中的高分子材料老化因素，在正常使用环境、额定载荷及使用频率较低的情况下，除日常进行检查外，应每年进行一次静载和动载试验，在各项性能正常的情况下可继续使用。若使用环境恶劣及使用频率高，除作业前的检查外，应每半年进行一次静载和动载试验，验证其安全性。

（8）吊装带检查合格后，应填写检查记录作为资料保存。

3. 吊装带报废

吊装带在使用过程中，有下列情况之一时，应予以报废：

（1）织带（含保护套）严重磨损、穿孔、切口、撕断，吊装带出现死结。

（2）承载接缝绽开、缝线磨断，纤维表面粗糙，易于剥落。

（3）由于时间原因和环境影响，吊装带纤维软化、老化、弹性变小、强度减弱。

（4）吊装带表面有过多的点状疏松、腐蚀、酸碱烧损及热熔化或烧焦。

（5）带有红色警戒线吊装带的警戒线裸露。

（6）对于吊装带的标签丢失，同时标识严重磨损造成吊装带额定起吊重量难以辨认和确定的，应作报废处理。

（7）对于扁平吊装带的表面出现磨损起丝而未离断时应降级使用，但是只要有一处的断裂面达到带宽的 25% 时都应作报废处理。

## （三）卸扣

### 1. 卸扣的使用注意事项

（1）卸扣在使用时，应注意卸扣的受力方向，不横向受力，否则会使卸扣的使用承载力大大下降，必须调整后使用。

（2）卸扣应按额定负荷选用，不得使用无额定载荷标记的卸扣。

（3）在安装横销轴时，螺纹旋紧后应回旋半扣，防止螺纹旋紧后受力方向相同，使销轴难以拆卸。

（4）起吊作业进行完毕后，要及时卸下卸扣，并将卸扣横销插入弯环内，上满螺纹，以保证卸扣完整无损。

（5）卸扣表面应光滑，不得有毛刺、裂纹、尖角、夹层等缺陷。不得用焊接的方法修补卸扣的缺陷。

（6）卸扣使用前应进行外观检查，卸扣弯环或横销出现裂纹、塑性变形等不得使用。

### 2. 卸扣保养和报废

卸扣上的螺纹部分，要及时涂油，保证其润滑、不生锈。

当卸扣任何部位产生裂纹、塑性变形、螺纹脱扣、销轴和卸扣体断面磨损达原尺寸的 3%～5% 时应报废。具体来说，卸扣出现下列情况之一时，应报废：

（1）卸扣扣体扭曲超过 10°。

（2）卸扣扣体或销轴变形超过名义尺寸 15%。

（3）卸扣锈蚀和磨损超过名义尺寸 10%。

（4）卸扣扣体或销轴经目视检查或无损检测有裂纹。

## 第三节　吊装作业工艺技术

### 一、吊装方法

吊装方法的选择需要根据具体的设备、构件和场地情况来确定，选择原则如下：

• 工艺选用原则：安全可靠，经济可行。

• 吊装现场环境：地下环境、地面道路环境、空间环境等是否满足吊装机械和吊装工艺方法。

• 所吊设备状况、设备特性和特点：如直径、高度、吊耳高度、总质量、设备重心位置、设备的刚度、裙座的结构等。

（一）按物体位移分

按照物体位移吊装方法可以分为以下几类：

1. 滑移法吊装

主吊起重机提升卧置设备上部，设备底部置于尾排之上，尾排上设置回转装置；设备抬头，主起重机提升，尾排前移，设备由平卧状态逐渐过渡到接近自由回转状态；设备直立脱排；设备吊装就位。

2. 抬送法

主吊起重机提升卧置设备上部，辅助起重机吊设备下部；设备抬头，主吊起重机提升，辅助起重机抬送；设备直立，辅助起重机松钩；设备吊装就位。

3. 直接提升法

起重机提升设备至安装高度，设备吊装就位。

（二）按吊装设备分

按照吊装设备的不同，吊装方法可以分为以下几类：

1. 流动式起重机吊装法

汽车起重机是一种移动性很强的吊装设备，适合在不同场地进行吊装作业，尤其适合吊装重量较小、形状较为简单的物体。

2. 桥式起重机吊装法

用于吊装重量较大、形状较为复杂的物体。

3. 门式起重机吊装法

用于吊装重量较大、形状规整的物体。

（三）按吊装工艺分

按照吊装工艺的不同，吊装方法可以分为以下几类：

1. 单机旋转法

单机旋转法主要是指通过单台起重机的起钩提升、旋转平移等将设备达到就位状态，然后将设备就位。主要应用在卧式设备吊装。卧式设备单机旋转法吊装工艺较为简单，设备位于起重机起吊半径范围内，提升设备到一定高度，然后通过起重机移动或旋转，将设备就位，如图 2-18 所示。

(a) 吊车将设备抬起、提升　　　　　　　(b) 吊车旋转、平移将设备就位

图 2-18　单机旋转法

2. 单主机提升递送法

设备斜置于基础旁，主机转杆时，其杆顶可达到基础中心正上方。辅机在基础的对面，其臂杆和起重机的前进方向均对正基础。用主辅两台起重机配合吊装。主机边吊装边转杆，辅机边吊装边负重前行（辅机应为履带式起重机），将设备移送到基础上方并就位。如图 2-19 所示。

3. 双主机抬吊提升递送法

三台起重机中两台主吊起重机性能应相同或相近，三台起重机的站位方法因设备的高度不同而有所区别（图 2-20）。

设备较低时，两主吊起重机对称站在基础的正后方，臂杆斜置，吊钩在基础中心正上方。吊装时，两主吊起重机同时起钩，而吊于设备尾部的辅吊起重机则配合将设备向前送进，最后由两台主吊起重机将设备直立着吊起并放于设备基础之上用此种吊装方法，两台主吊起重机臂杆不变幅不转杆。

如设备较高，设备置于基础的正上方，两主吊起重机站于垂直设备的基础两侧，其吊钩分别吊于设备侧向的两个吊耳上。辅吊起重机立于侧后方，其吊钩吊于设备的尾部。吊装时，两台主吊起重机起钩，辅起重机用转杆法配合向基础方向送进设备最后由两台主吊起重机将设备吊起立直并就位。

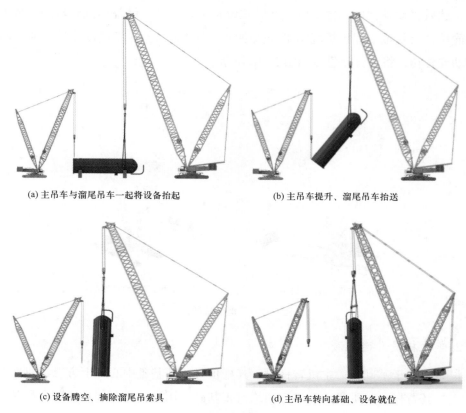

(a) 主吊车与溜尾吊车一起将设备抬起　　　(b) 主吊车提升、溜尾吊车抬送

(c) 设备腾空、摘除溜尾吊索具　　　　　　(d) 主吊车转向基础、设备就位

图 2-19　单主机提升递送法

图 2-20　双主机抬吊提升递送法

#### 4.液压顶升／提升系统递送法

吊装系统全过程采用计算机控制，主控微电脑可以根据传来的提升载荷信息和构件姿态信息决定整个系统的同步调节量，实现毫米级的微调功能，并实现同步提升功能（图 2-21）。

图 2-21　液压顶升／提升系统递送法

### 二、吊装工艺技术

吊装作业工艺是指物件的吊装就位、装卸运输、起扳竖等方法。不同施工单位配备的吊装机具的不同，对同一设备的吊装方法也不一样，即使同样的设备、同样的施工条件、对不同的作业单位、不同的施工现场，也会有不同的吊装方法。这是吊装作业创造性的特点所决定的。目前施工现场常用的吊装工艺主要分为：物件调平吊装法、设备的竖立和翻转、双机抬吊法、接力吊装法。

#### （一）物件调平吊装法

根据被吊物件的几何特点采取正确的系挂方法，并通过移动系挂点的位置调平或采用倒链调平法将物件调平即可。

#### 1.移动系挂点调平法

利用吊绳在系挂点处或吊钩上的移动，改变系挂点的位置或改变受力绳股的长度，使物件吊平的方法。

适用于细长类物件，两点系挂的水平吊运工作。可用对绳和一根绳两种情况。

缺点：只能在绳不受力的情况下进行，有时需多次尝试才能调平。

### 2. 倒链调平法

将倒链串接于系挂绳中，调节系挂绳的长度，使物件调平的方法。可使用一点、两点、多点调节。可以带负荷进行，而且调节准确。当倒链的受力超载时，可用滑车，倒链作为跑绳来用，以达到调节系挂绳的目的，在实际工作中，偏心设备的倒链调绳法很多。

注意事项：

（1）绳长要适中，过长或过短，倒链都无法调节。

（2）在系挂绳已受力，但物件未离地时调节，应防止某根绳或倒链超载。

### （二）设备的竖立和翻转

物件的竖立：物件绕横轴旋转不大于90°的吊装作业，称为物件的竖立。物件的翻转：物件绕纵轴旋转，或绕任意轴旋转180°的起重作业，称为物件的翻转。由物件的单钩竖立和翻转及物件空中抬吊竖立和翻转组成。

#### 1. 物件的单钩竖立和翻转

物件的单钩竖立和翻转是指将物体绕其横轴或纵轴进行90°或180°的旋转，使其达到指定的方位或状态。这种操作需要精确的技巧和对起重机操作的熟练掌握，同时必须遵循相关的安全规程以确保作业的安全性。

1）旋转起扳法

起扳细长物件，将系挂绳系挂在物件的上部，吊钩起升时使物件绕其触地点旋转起扳物件的方法，叫做旋转起扳法。柱子的系挂点、触地点和基础的中心点，在以起重机回转中心为圆心，以其幅度为半径的圆弧上。把这种旋转起扳法简称为"三点一弧"旋转起扳法。旋转起扳法的机械操作，应该在起钩的同时进行臂杆的回转或走车，以调整吊钩始终处于垂直状态，并使物件吊离地面时不致产生较大的摆动。

2）滑行起扳法

细长的物件在起扳时，吊钩只作垂直起升，而物件根部的触地点随着吊钩的起升，向物件就位的基础滑行，使物件起扳的方法叫做滑行起扳法。

滑行起扳法使用注意事项：

（1）由于物件起吊后不易移动，所以物件摆放时应使吊钩、物件系挂点和就位中心点尽可能在同一条垂直线上。

（2）采用滑行法起扳重量较大的物件时，可使用滚排。

3）滚动翻身法

圆形截面的物件，在有足够大的场地上，用长绳捆绑法并使捆绑绳的卡绳点置于物件的侧面，用吊钩的起升使物件产生滚动翻身的方法，叫做滚动翻身法。

滚动翻身法使用注意事项：

（1）物件的滚动速度应缓慢平稳。

（2）制动物的高度应合适。制动物过高会被推动移位，过低时物件可能越过制动物继续滚动。

（3）为了尽可能地减小吊钩起升力，物件的滚动摩擦面应平滑清洁，捆绑卡绳点应在物件圆截面中心的高度以下。

4）旋转翻身法

能够使圆形截面的物件，在不离开地面的情况下原地旋转翻身的方法，叫做旋转翻身法。旋转翻身法的捆绑方法，和滚动翻身法中所使用的一样。不同的是制动物所设的位置不是与物件留有一段距离，而是紧靠着物件的表面。当吊钩起升时物件的表面与制动物产生滑动，使物件达到原地旋转的目的。

旋转法进行物件翻身的注意事项：

（1）尽可能地选择与物件的摩擦系数小的材料作为制动物，以减少吊钩起升力。

（2）制动物的高度应控制在旋转翻身物件半径的 1/10 左右，以确保操作的安全性和稳定性。

（3）制动物必须有足够与地面接触的面积和长度，以免制动物受压后扎入地下或被物件推倒。

5）倾倒翻身法

用卡绳捆绑法在地面上翻转截面为矩形，重量较大，不怕摔碰的钢制的梁、柱类物件，称倾倒翻身法。物件翻身的角度为每次 90°。

倾倒翻身法使用注意事项：

（1）采用倾倒法翻身的物件必须是不怕摔碰的物件。重心与支承点 $A$ 在同一条垂直线上，此时处于物件倾倒的临界状态。吊钩若再稍加起升力，使重心超过支承点 $A$，由于重力和吊钩的提升力对 $A$ 点力矩同向，物件迅速倾倒，倾倒的瞬间产生较大的冲击力。

（2）用倾倒法翻身时的捆绑点，应设在尽可能挨近地面的地方。物件倾倒完成时，其顶面标高刚好是物件截面的高度 $h$。捆绑点的高度大于 $h$，吊钩将承受物件倾倒时的冲击力。

（3）物件处于倾倒临界状态时，吊钩的起升应用"微动"动作。

（4）因为矩形截面的物件棱角均比较锋利，捆绑时应在棱角处垫以软物。

2. 物件空中抬吊竖立和翻转

物件空中抬吊竖立和翻转是指用两台机械或一台机械的大小钩进行物件竖立和翻转。需抬吊翻转的物件特点：一是设备翻身时不允许与地面接触；二是设备的柔度较大，不允许单钩起吊；三是重心高于捆绑点，不宜用单钩进行翻身作业的设备或现场配制件。

1）物件空中抬吊翻转基本步骤

（1）采用双机抬吊的方法将物件水平吊起一定的高度。

（2）一个吊钩继续起升（主钩），另一个吊钩（副钩）进行落钩（有时是少许起升）调整。

（3）主钩承受物件的全部重量后，将副钩全部松掉。物件若为90°翻身，翻身作业就此结束。

（4）当物件为180°翻身时，将物件水平旋转180°，副钩进行空间换点系挂。

（5）两个吊钩将物件吊平后同时落钩。此时物件180°时翻身作业结束。

2）物件抬吊翻身法的系挂点的选择

物件抬吊翻身时的副钩系挂点，必须设在主钩系挂点与重心连线延长线的上方，并且与主钩捆绑点分别在重心的两侧。副钩的负荷是由物件重量的一半逐步减为零，主钩的负荷则由物件重量的一半逐步增加为全部重量。

参与抬吊的两台起重机，主机的起重能力必须是单机能够承担物件全部重量。副机的起重能力则应根据具体的物件翻身全过程的需要来选择。

（三）双机抬吊法

双机抬吊法是指用两台起重机械起吊同一物件，进行装卸或吊装就位。双机抬吊物件的情况比较复杂，其表现形式也不一样。常见的形式，就是两台起重机直接起吊物件。也有用一台起重机的大、小钩进行抬吊物件的。

1. 适用双机抬吊法的施工情况

（1）物件的重量超过一台起重机的额定起重能力。

（2）设备的外形尺寸很大，一台起重机械额定起重量虽能满足需要，但钩下高度、或起吊幅度有限而不宜用单机起吊。

（3）设备翻身，或设备竖立就位吊装时的双机抬吊。

2. 参与双机抬吊作业机械的负荷分配

（1）两台起重性能基本相同的起重机，抬吊外形规矩的物件时，其负荷应平均分配。

（2）参与抬吊的两台起重机起重性能不同，或物件的外形比较复杂，或有特殊要求，需要根据实际情况，确定每台起重机的负荷，并依此来选择系挂点的位置。

① 确定物件重心确定在轴向中心点处。

② 确定每台起重机抬吊时承担的负荷量。

③ 计算确定起重机系挂点的位置。

3. 抬吊过程中的倾斜，对参与抬吊的起重机械负荷分配的影响

物件重心与系挂点的相对位置不同，物件在抬吊过程中产生倾斜时，对参与抬吊作业的起重机械负荷分配的影响也不同。

（1）重心高于系挂点时：重心高于系挂点的物件比较常见，例如，主变通过吊笼进行双机抬吊卸车或穿托板的工作、复水器的吊装，汽包的卸车等。其系挂方法多见于兜绳（或空圈兜绳）系挂法、套挂系挂法。物件倾斜的角度 $\alpha$ 愈大，$\tan\alpha$ 值也愈大，抬吊物件较低的一头的起重机负荷增加越多，抬吊物件较高的一头的起重机负荷减少越多。

（2）重心低于系挂点时：施工现场抬吊重心低于系挂点的物件，如，缠绕法系挂汽包的双机抬吊，卡绳法系挂箱形行车大梁的双机抬吊，以卡环连接法系挂大型油罐进行组合时的双机抬吊。物件倾斜的角度 $\alpha$ 愈大，$\tan\alpha$ 值也愈大，抬吊物件较低的一头的起重机负荷减少越多，抬吊物件较高的一头的起重机负荷增加越多。

（3）重心与系挂点在同一水平面上时：重心与系挂点在同一水平面，物件倾斜的角度 $\alpha$ 大小，不影响两起重机负荷分配。

（四）接力吊装法

接力吊装法指物件在吊装过程中需要由一个吊钩交给另一个吊钩，或者需要将物件临时搁置、吊挂一次，空钩越过障碍物再挂钩起吊，才能使物件就位的方法。

1. 接力吊装的施工特点

物件就位位置的顶上，或其吊装平移的途中有障碍物，使物件无法一次就位，

所以必须采用接力吊装。

## 2.接力吊装法形式

1）平地支承接力

平地物件能够在地面上临时搁置、再接力吊装就位的方法，叫做平地支承接力法。

2）平地滑移接力

把物件吊装过程中，物件在被吊着的情况下牵引滑移，使物件的重心位置进入滑道一段距离后再接力，并配合滑移就位的方法。

3）空中吊挂接力

物件用一个吊钩起吊后又无法重新置于地面，且需在障碍物下穿行接力吊装时，把物件在障碍物上吊挂一次，然后把吊钩倒到障碍物的另一侧，再挂上捆绑绳进行物件吊装就位的方法，叫做空中吊挂接力吊装法。

4）空中接力

物件由一个吊钩吊在空中，由另一个吊钩来接替完成吊装作业的方法，叫做空中接力吊装法。空中接力法分为下述两种情况：

（1）物件近距离水平移运时的接力。

（2）物件穿越障碍物时的接力。

水平移运时的接力注意事项：

• 两个吊钩到各自吊挂点连线的夹角一般不得大于 20°。

• 吊钩的吊挂点受到较大的水平分力，因此，吊钩的吊挂绳应有防止滑移的措施。

5）混合式接力

把前面介绍的四种接力方法中的任意两种方法联合使用，进行物件吊装作业，叫做混合式接力法。

## 三、吊装施工方案

随着工程建设领域的不断发展，吊装作为一种重要的施工方式，被广泛应用于建筑、桥梁、能源等各个领域。吊装作业的安全和高效进行对于项目进展和质量的保障至关重要。为了确保吊装作业的顺利进行，编制吊装专项施工方案是必不可少的，编制吊装专项施工方案旨在确保吊装作业的安全、高效进行，保障工程项目的进展和质量。

（一）确定吊装方案的基本原则

编制吊装方案应坚持以吊装安全为前提，以技术可靠、工艺成熟为基础，以吊装经济效益为追求目标的原则。

（二）吊装方案的主要内容

（1）编制说明与编制依据。

（2）工程概况：主要包括待吊设备的主要工艺特点、到货形式、设计单位、制造单位等。

（3）主要吊装参数：宜编制吊装参数表，内容包括设备位号、名称、规格尺寸、材质、金属总重量、吊装总重量（包括平台梯子、附塔管线、保温衬里、加固、吊耳等的重量）、重心标高、吊点方位及标高、基础标高。若采用分段吊装，应注明设备分段尺寸、分段重量。

（4）吊装工艺方法：工艺方法概述（如双桅杆滑移法、吊车滑移法）、按工序分层次详述作业方法与工艺要求。

（5）吊装技术措施和施工步骤：

①起重吊装机具选用、机具安装拆除方法和要求，吊装机、索具设置。

②待吊设备/构件卸车方法、设备摆放状态、组装深度要求，局部或整体加固方法。

③吊点位置及其结构。

④吊装作业步骤及技术要求。

⑤地基处理要求，吊装场地占地要求，影响到其他不能施工的工程内容等。

⑥吊装计算书：载荷计算，设备（构件）重心计算；设备（构件）在各种吊装位置状态下受力计算或受力分析图。

⑦起重机具（如桅杆、吊车等）最大受力、吊车最大负载率；吊耳、自行设计的吊具（如平衡梁等）的设计与核算。

（6）按最大受力选择机索具并进行安全性校核，编制起重机具受力与机索具选用一览表；地锚结构与核算；必要时，核算细长或薄壁设备、构件最不利受力状态下的强度及挠度，薄弱处采取的加固措施。使用起重桅杆吊装超出使用说明书规定的参数范围使用时，则应根据桅杆的使用条件对桅杆的强度及稳定性进行全面核算。

（7）劳动组织：人力资源计划、施工人员的岗位职责。

（8）机具、材料计划：起重机、索具汇总表，施工手段用料表。

（9）进度计划或工序安排。

（10）安全技术措施。

（11）吊装风险评价与应急反应措施。

（12）吊装平面布置图，应包括下列内容：

设备组装、吊装位置，设备运输路线，吊车站立位置及移动路线，吊装过程中机具与设备的典型相对位置，电源位置，吊装周围环境，地下工程，需要做特殊处理的吊装场地范围，吊装警戒区。若采用桅杆起重机吊装，还应有：桅杆安装（竖立、拆除）位置、移动路线与吊装位置，拖拉绳、缆风绳的平面分布，地锚位置或平面坐标，卷扬机或拉升千斤顶摆放位置及主跑绳或钢绞线的走向。

（三）吊装方案的审查

吊装作为一项高风险作业，吊装方案必须经过严格的审批程序，以确保安全和顺利完成工作。吊装方案审批的过程是对于方案的合理性和可操作性的评估，以及在吊装操作中遇到的潜在风险的识别和控制，各类型工件吊装方案的编制和审批应符合表2-4要求。

表2-4　吊装方案编制、审批人条件要求

| 岗位 | 资格 | 职责 |
|---|---|---|
| 编制 | 技术人员 | a）现场情况和起重机具调查。<br>b）编制吊装方案。<br>c）编制吊装计算书。<br>d）吊装方案修改 |
| 校核 | 项目技术负责人 | a）校核吊装工艺。<br>b）校核吊装计算书 |
| 审核 | 企业直线部门 | a）审查吊装工艺及计算依据。<br>b）审查起重机具选择及平面布置合理性。<br>c）审查吊装安全技术措施。<br>d）审查进度计划、交叉作业计划。<br>e）审查劳动力组织 |
| 批准 | 企业技术负责人 | 吊装方案的最终批准 |

## 第四节　非常规吊装作业安全技术

随着国内大型石油石化装置的不断建设，吊装作业环境也越来越复杂，难度越来越高，对人员素质和设备性能要求越来越严格，吊装作业本身属于特殊作业范畴，而在吊装作业中也会经常遇到一些临时性的、缺乏作业程序规定的，无规律、无固定频次的作业，即非常规作业，因此非常规吊装作业的安全管控要求较高，需要开具作业许可或者专门制定作业方案。

### 一、非常规吊装作业定义

非常规吊装作业是指在恶劣环境下、作业场地吊车站位受限、吊物就位位置狭窄、吊物形状不规则重心难确定、吊物自身柔性较大易变形等不利因素情况下进行的吊装作业，它具有临时性、缺乏作业程序规定，无规律、无固定频次等特点。

### 二、场地受限利用两台吊车抬吊

由于装置内布置比较紧凑，大型吊车站位、臂杆旋转空间极度狭小，因此会采取使用两台起重载荷小、自身体积小的吊车同时进行抬吊的方法解决吊车站位位置。

（一）安全技术措施

（1）吊装作业区域应按吊装方案进行地基处理，必要时进行换填，满足方案中地耐力承载要求，重点是吊车站位、超起配重摆放区域及吊车行走路线区域等。

（2）汽车式、轮胎式起重机支腿下方应按要求铺垫钢板或者路基箱，履带式起重机在吊车站位或吊车行走路线上铺设钢板或者专用路基箱。

（3）尽量避免在有地下设施的地面行走或者站位，不能避免时应采取有效的保护措施，确保地下设施的安全。

（4）在吊车站位、行走区域、超起配重回转影响区域地面以上部分应确保无障碍物，如有障碍物应提前进行清理。

（5）吊装过程中吊车、设备与周围设施的安全距离应不小于500mm。

（6）采用双机抬吊吊装法进行吊装时，尽量选择两台同类型的起重机，且在作业过程中单台起重机的负荷率不能超过额定载荷的80%。

（7）吊装过程中，两台起重机提升速度应保持同步，吊臂变幅一致，确保两台起重机荷载分配均匀。

（8）优先采用平衡梁对两台起重机荷载进行合理分配。

（9）吊装前应对吊车吊装过程中站位在作业过程中因吊装半径变化荷载变化进行计算，避免出现和再分配不均或者两台吊车间相互受力的情况。

（10）各种起重机械的安全装置、吊装索具应完好、符合要求，正式起吊前，要进行试吊，检查各吊装机索具的情况，待确认没有问题后方可进行正式吊装。

（11）吊装过程中，指挥人员应统一指挥，信号明确，精力集中，严格按照指挥信号进行操作，动作尽量保持一致。

（12）起吊过程中，控制两台吊车的提升速度，保证主吊耳水平。在双车旋转就位时，控制两台吊车的旋转速度，缓慢旋转就位。

（13）严格执行吊装命令书制度，按照技术安全检查要求进行吊装前的检查，严格检查吊车的安全装置、吊装索具是否完好，确认符合要求后，进行试吊，被吊设备离开支承面200mm后检查各吊装机索具的情况，待确认没有问题后吊装总指挥下达吊装命令，方可进行正式吊装。

（二）典型做法

**1. 工程概况**

某石化公司60万吨/年乙烯项目脱甲烷塔的吊装。脱甲烷塔是脱除裂解气中的氢和甲烷，是裂解气分离装置中投资最大、能耗最高设备。该设备是在设备制造厂家整体制造，将其运至指定位置并卸车；随后使用吊车将此设备整体吊装就位。

塔器外形尺寸如图2-22所示。

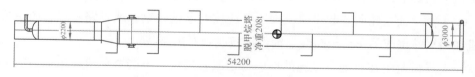

图2-22 脱甲烷塔外形参数示意图

**2. 脱甲烷塔吊装参数**

图2-23为脱甲烷塔起吊时主吊、溜尾受力图。

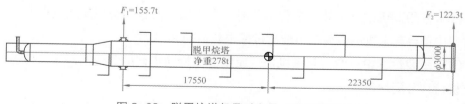

图2-23 脱甲烷塔起吊时主吊、溜尾受力图

吊装作业参数见表2-5。

表2-5　吊装作业参数

| 吊装设备名称 | 脱甲烷塔 |
|---|---|
| 设备到货情况 | 整体到货 |
| 吊装设备外形尺寸 | $\phi6000/7200 \times 61700mm$ |
| 设备净重量 | 208t |
| 设备附件重量 | 70t |
| 设备总重量 | 278t |
| 主吊车1参数 | |
| 型号 | LR1400/2型400t履带吊 |
| 就位工况 | SDB70 |
| 吊臂长度和作业半径 | $L=70m$，$R=14m$ |
| 超起半径/重量 | $R=11m$，$w=105t$ |
| 作业半径对应的吊车的额定荷载 | 236t |
| 抬吊分配重量 | 50%设备总重量=139t |
| 吊钩及吊索重量 | 15t |
| 吊车吊装总重量 | 154t |
| 吊车负荷率 | 65.2% |
| 主吊车2参数 | |
| 型号 | LR1400/2型400t履带吊 |
| 就位工况 | SDB70 |
| 吊臂长度和作业半径 | $L=70m$，$R=18m$ |
| 超起半径/重量 | $R=13m$，$w=145t$ |
| 作业半径对应的吊车的额定荷载 | 213t |
| 抬吊分配重量 | 50%设备总重量=139t |
| 吊钩及吊索重量 | 15t |
| 吊车吊装总重量 | 154t |
| 吊车负荷率 | 72.3% |
| 平衡梁参数 | 300t/3700mm |

续表

| | |
|---|---|
| 吊索具参数 | $\phi$120mm×20m 钢丝绳扣两条打双, 单根破断拉力为 8565kN, $\phi$90mm×20m 钢丝绳扣两条打双, 单根最小破断拉力为 5000kN, 200t 卸扣 2 个 |
| 弯曲折减系数 | （100−50/$R^{0.5}$）%=80% |
| 钢丝绳的强度能力 | $P_n$=5000×4×80%=16000kN |
| 钢丝绳扣受力合计 | $F$=278×9.8=2724.4kN |
| 绳扣安全系数 | $K=P_n/F$=5.8＞5, 满足要求 |
| 溜尾吊车参数 | |
| 型号 | CKE2500 型 250t 履带吊 |
| 作业工况 | 主臂 |
| 吊臂长度和作业半径 | $L$=24.4m, $R$=6m |
| 作业半径对应的吊车的额定荷载 | 166.7t |
| 溜尾处承载重量 | 122.3t |
| 溜尾吊车吊钩及吊索重量 | 6t |
| 溜尾吊车吊装总重量 | 128.3t |
| 吊车负荷率 | 76.9% |
| 溜尾吊耳参数 | 规格：200t 级板式吊耳两个 |
| | 中心线方位：300° |
| | 高度：246mm |
| 溜尾吊索具参数 | 绳扣：$\phi$70mm×20mm 钢丝绳扣两根打双, 单根破断拉力 2618kN |
| | 卸扣：85t 卸扣两个 |
| 弯曲折减系数 | （100−50/$R^{0.5}$）%=75% |
| 钢丝绳的强度能力 | $P_n$=2618×4×75%=7854kN |
| 钢丝绳扣受力合计 | $F$=122.3×9.8=1198.54kN |
| 绳扣安全系数 | $K=P_n/F$=6.5＞5, 满足要求 |

## 3. 吊装工艺

### 1）吊装工艺概述

根据现场的具体情况，经综合比较和分析，乙烯装置脱甲烷塔吊装采用双机抬吊提升法整体吊装，根据施工现场的平面布置及吊装机具的装备能力，确定采用两台 400t 级履带吊车作为主吊车，同时使用一台 250t 履带吊车进行辅助溜尾。

工艺流程如图 2-24 所示。

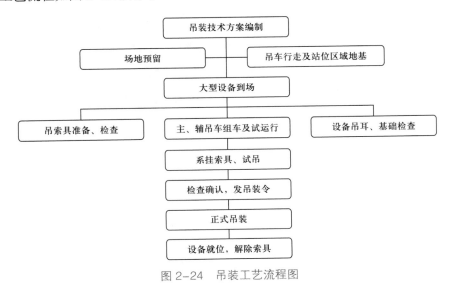

图 2-24　吊装工艺流程图

2）吊耳的设置

吊耳在设备出厂前已制作安装完毕，主吊耳为一对对称布置的管式吊耳，位于锥形筒体下切线下 1200mm，溜尾吊耳为两只板式吊耳，位于裙座基础环。

3）设备进场要求

塔器按运输方案进入装置区，装车时塔器溜尾吊耳要竖直向上，主吊耳连线水平。

4）地基处理

（1）主吊车地基处理：

400t 履带吊（图 2-25）自重约 314t，荷载重量 154t，超起按重量 125t 计算，钢制路基箱的尺寸为 5m×2.4m，单块路基板的重量约为 4t。400t 履带吊在路基板上作业时，履带至少与 4 块路基板接触，总接地面积 $A=5×2.4×4=48m^2$，考虑不均衡系数为 1.5，则 400t 履带吊对地基承载力要求见式（2-11）：

$$P=\frac{\left(G_{车}+G_{物}+G_{路基箱}\right)×1.5}{A}=\frac{(314+154+125+16)×1.5}{48}=19.03tf/m^2=186kPa （2-11）$$

400t 履带吊车作业区域为强夯处理后地基，承载力不低于 250kPa，满足要求。

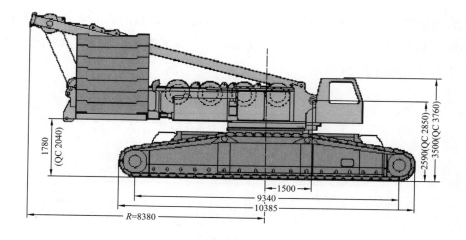

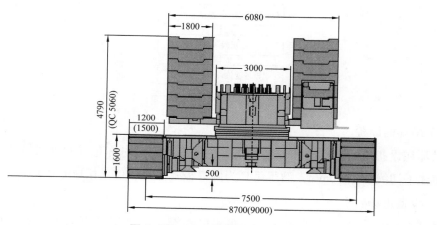

图 2-25　400t 履带吊外形尺寸图

（2）溜尾吊车地基处理：

溜尾吊车 250t 履带吊自重约 200t，溜尾重量 128t，250t 履带吊履带有效接地长度为 7.895m，宽度为 1.22m，总接地面积 $A=2\times7.895\times1.22=19.26\mathrm{m}^2$，则 250t 履带吊对地基承载力要求见式（2-12）：

$$P=\frac{G_{车}+G_{物}}{A}=\frac{200+128}{19.26}=17.03\mathrm{tf/m}^2=166.9\mathrm{kPa} \qquad (2-12)$$

250t 履带吊车（图 2-26）溜尾作业区域为强夯处理后地基，承载力不低于 250kPa，满足要求。

5）平衡梁校核

300t 平衡梁如图 2-27 所示。

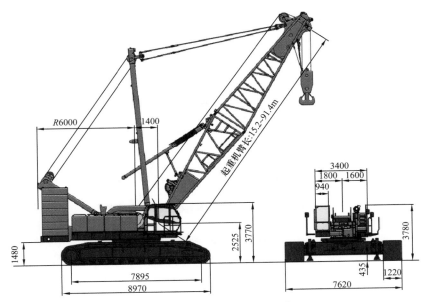

图 2-26 250t 履带吊外形尺寸图

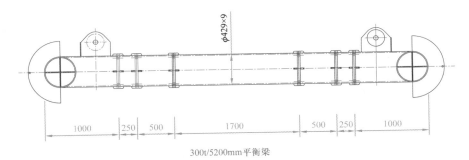

图 2-27 300t 平衡梁详图

平衡梁强度校核如下：

根据力学知识，在忽略平衡梁自重及端部对钢丝绳的摩擦力时（设备吊装重量远大于平衡梁自重及与钢丝绳之间的摩擦力），该平衡梁可以简化为一根受压杆件的力学模型，图 2-28 为其简图。

此次设计的平衡梁主要作用是在吊装时其承受主吊钢丝绳及系挂钢丝绳的轴向压力。但为了施工方便，还得在平衡梁上设置吊耳以便于平衡梁的系挂。为此，在离平衡梁端部 700mm 处对称布置 2 个 35t 级板式系挂吊耳，配合 2 个 35t BX 卸扣（增大容绳空间及钢丝绳弯曲半径）和 1 对公称抗拉强度 1700MPa、$\phi$43mm、$L$=10m 的钢丝绳扣打双使用。

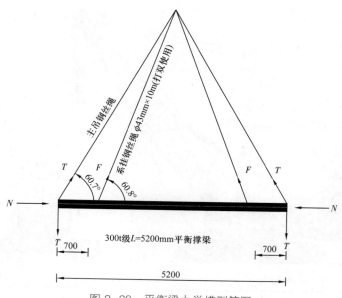

图 2-28 平衡梁力学模型简图

说明：（1）平衡梁自重忽略不计（平衡梁自重远小于吊物重量）。

（2）主吊钢丝绳与平衡梁端部的 $\phi426 \times 9$ 管轴处的摩擦力较小，可忽略不计。

（3）设备重量按照 $G$=300tf 进行校核。

（4）动载系数按照 $K$=1.4 考虑。

（5）$T$ 为主吊钢丝绳一端的受力。

（6）$F$ 为系挂吊钢丝绳一端的受力。

（7）按照 1:1 建模，可测得主吊钢丝绳与平衡梁的夹角为 60.70°，系挂钢丝绳与平衡梁的夹角为 69.80°。

平衡梁简化为一根受压杆件的力学模型后，按照压杆来校核其稳定性：

$$T = K \cdot \frac{G}{2} = 1.4 \times \frac{300}{2} = 210 \text{tf} \qquad (2-13)$$

按照力学平衡方程，可得：

$$T = T \cdot \sin 60.7° + F \sin 69.8° \qquad (2-14)$$

$$N = T \cdot \cos 60.7° + F \cdot \cos 69.8° \qquad (2-15)$$

解上述方程组，可得：

$$N = 112.78 \text{tf} \qquad (2-16)$$

$$F=28.63\text{tf} \tag{2-17}$$

查平衡梁主管（$\phi426\times9$）的相关参数：惯性半径 $i_x$=14.7cm，截面积 $A$=118cm²，以及长度系数 $\mu$=1，则

$$\lambda_x = \frac{\mu \cdot l}{i_x} = \frac{1\times5200\text{mm}}{14.7\text{cm}} = \frac{1\times5200\text{mm}}{147\text{mm}} = 35.37 \tag{2-18}$$

柔度

查稳定系数表，并用差值法可求得 $\psi_x$=0.951，查 Q235A 的许用应力 $[\sigma]$ = 155MPa，则

$$\psi_x[\sigma] = 0.951\times155 = 147.4\text{MPa} \tag{2-19}$$

平衡梁受到的应力为

$$\sigma = \frac{N}{A} = \frac{112.78\text{tf}}{118\text{cm}^2} = \frac{112.78\times100}{118}\text{MPa} = 95.6\text{MPa} \tag{2-20}$$

由此可知 $\sigma < \psi_x[\sigma]$。所以，平衡梁在压杆稳定性方面满足吊装要求需求。

系挂吊耳的设置与强度校核：

同时，为了使用方便，系挂吊耳按照 35t 受力考虑。但为了增大容绳空间及钢丝绳弯曲半径，专门配备 1 对 35t 的 BX 型卸扣使用。

而根据第二点中系挂吊耳所受到的力 $F$=28.63tf。在此，仅需要对板式系挂吊耳按照 35t 的最大载荷进行强度校核。

拉应力危险截面面积

$$A_{H-H} = （240-64）\times（10+10\times2）= 5280\text{mm}^2 \tag{2-21}$$

$$A_{L-L} = 400\times10 = 4000\text{mm}^2 \tag{2-22}$$

吊耳板最大拉应力应该在 $L-L$ 截面上，其受到的最大拉应力为

$$\sigma = \frac{F_L}{A_{L-L}} = \frac{35\text{tf}}{4000\text{mm}^2} = 0.00875\text{tf} / \text{mm}^2 = 87.5\text{MPa} < [\sigma] \tag{2-23}$$

所以，系挂吊耳也满足吊装要求需求。

### 4. 吊装施工流程

1）脱甲烷塔吊装布置图

脱甲烷塔吊装布置如图 2-29 所示。

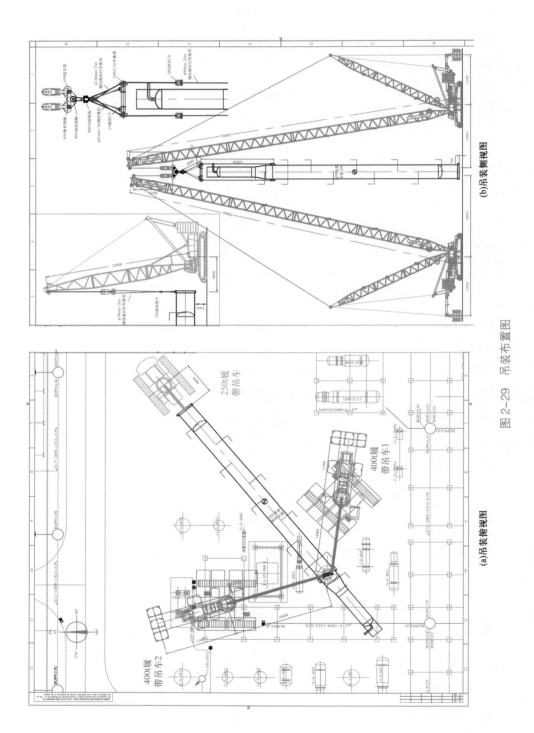

(a)吊装俯视图

(b)吊装侧视图

图2-29　吊装布置图

2）脱甲烷塔吊装过程

（1）吊装场地准备，大型起重机进场作业前，需确保行走道路及作业地面平整且具有足够的承载力，确保大型设备吊装的安全、顺利。

（2）设备进场后，由业主、监理单位、施工方进行联合验收。

（3）设备进场卸车，设备到达指定位置后卸车。

（4）设备基础验收合格，具备吊装、安装条件。

（5）主、副吊车按方案要求到达指定位置，核实作业半径。

（6）吊装机、索具再次作全面检查，并做好详细记录。

（7）设置警戒区，设备吊装前设置警戒区，作业范围设置醒目的警戒设施，并派专人监护，与吊装作业无关人员严禁入内。

（8）试吊，各项准备工作完成后，进行试吊装。起重机在起重指挥的信号下缓慢提升，将设备抬离支撑面200mm后静置，然后对吊索具的受力情况、起重机运行情况、地基的下沉情况进行检查确认。

（9）正式吊装，在试吊安全的情况下，起重指挥发布正式吊装命令。

（10）吊装时两台主吊车负责提升设备主吊耳，辅助吊车负责溜尾递送直至设备直立，拆除溜尾索具，两台主吊车调整臂杆角度将设备就位。

（11）调整确认设备安装方位，调整垂直度，将设备就位，紧固地脚螺栓。

（12）设备就位达到摘钩条件，解除主吊车索具，吊装结束。

### 三、吊物就位位置受限与手拉葫芦组合使用

（一）安全技术措施

（1）作业人员须按劳保要求着装，高处作业（大于或等于2m）要设置可靠的防护措施，系好安全带。

（2）吊装时任何人员不得在工件下、受力索具附近及其他危险地方停留，更不得随同工件或机具升降。

（3）在吊装过程中指挥信号必须统一，信号传送准确，要各负其责。在地面作业时信号指挥可采用对讲机或哨音，在高空作业时采用对讲机进行指挥，保证信号的正确传递。

（4）吊车站位与行走位置，地面要平整坚实，铺设路基箱，严格保证吊车对地耐力的要求。

（5）了解施工期间的天气预报，根据气象条件调整吊装进度计划。设备／构件

吊装要尽量避开恶劣天气，在大于或等于 10.8m/s、雷雨天、夜间、能见度低时严禁吊装作业。

（6）重物起吊后，如必须在空中停留，应采取可靠措施防止重物随意转动。

（7）严格执行吊装命令书制度，按照技术安全检查要求进行吊装前的检查，严格检查吊车的安全装置、吊装索具是否完好，确认符合要求后，进行试吊，设备 / 构件离开地面 200mm 后检查各吊装机索具的情况，待确认没有问题后吊装总指挥签署"吊装令"并下达吊装命令，方可进行正式吊装。

（二）典型做法

1. 工程概况

拟作业装置为已投产装置，需停工方可进行设备更换吊装作业。设备位于 24.7m 高空，需拆除北侧框架边两层横梁，使用工装滑移平台，将设备拉出装置北侧栏杆边，双吊车抬吊，作业空间受限，吊装作业难度大。设备安装与拆除作业吊装工艺一样，步骤顺序相反。新设备要求在达到拆除旧设备条件前到达项目，减少拆除及安装吊车使用台班，加快安装已拆除的两根横梁及消防水管。现场气象条件多变，大雨、大风等恶劣天气，影响吊装作业，需提前掌握气象条件，做好措施。

2. 吊装工艺

1）拆除时吊装工艺流程

取下地脚螺栓，安装手拉葫芦→千斤顶顶升设备后安装地轮→使用两个倒链将设备滑移至框架北侧→1 号主吊车吊起设备与手拉葫芦配合继续滑移→设备滑移至距框架边缘两台 400t 同时抬吊→进行吊装联合检查→试吊，静置→正式吊装，两台主吊车平稳回转、变幅→设备放置地面，吊车拆去吊索具。

2）安装时吊装工艺流程

调整吊索具位置→两车同时抬起设备→进行吊装联合检查→试吊，静置→正式吊装→设备支座放在地轮上，手拉葫芦捆绑设备收紧→400t 吊着另一段，配合手拉葫芦收紧，将设备滑移至设备北侧边缘第一条支座→手拉葫芦配合将设备滑移至基础就位处→千斤顶将设备顶升至就位高度，取出地轮→千斤顶交替缓慢下放设备，安装地脚螺栓，设备安装就位。

3. 施工准备

（1）制作支撑门架，将苯乙烯冷凝器集合管悬空，以便切割中间四根接管，接管长度切割应满足设备可滑移。

（2）在设备旁制作工装滑移平台并与原基础焊接在一起，更换设备原基础南北方向两根主梁。

（3）拆除装置北侧三层外横梁。

（4）换热器中间接管加固，防止变形，西侧管线固定。

（5）制作小吊耳，作为倒链系挂点。

（6）准备好吊索具、袖标、对讲机等机具，检查机具是否合格。

4. 吊装程序

1）安全技术交底

方案审批完成后，由负责的技术人员对施工作业人员开展安全技术交底工作。

2）吊装场地清理

起重机进场作业前，需对站位进行清理，保证站位需求。

3）起重机摆放位置确认

根据施工方案及安全技术交底内容，起重指挥与起重机操作手，对吊车正确站位，摆放，并一起确认吊装过程中的操作方法，注意事项等。

4）设备具备吊装条件确认

设备滑移至框架北侧，现场具备吊装条件。

5）开具作业许可

项目作业许可管理人员，根据现场检查情况，吊装作业检查表，相关人员签字后申请吊装作业许可。

6）吊装机具检查

起重指挥对吊装过程中使用的吊索具进行安全检查，如有问题，及时更换。配合起重机操作手完成起重机的检查。

7）设置警戒区域，连接吊索具

吊装区域拉设醒目的警戒线，设立警示牌，无关人员严禁入内。起重机按照方案内容正确站位，设备滑移至框架北侧边时将吊索具与设备、起重机吊钩正确连接、并检查。

8）签署吊装令

吊装指挥和吊装工程师对吊装现场各关键环节做最后检查，检查确认安全无误后，有关人员签署吊装令，最后由吊装总指挥发出准予吊装指令。

9）试吊

在起重指挥的指挥信号下，提升设备 200～500mm，对吊索具的受力情况，起重机机械运转情况、地基情况进行仔细的检查。一切正常后，开始正式吊装。

10）正式吊装

在起重指挥的指挥信号下，起重机按照安全技术交底内容，正确下放设备，平缓地将设备吊地面。

11）摘钩及清理现场

经确认，现场条件达到摘钩条件后，使吊索具与设备脱离。将吊索具放置指定位置，清理现场，吊装结束。

图 2-30 为组合吊装示意图。

图 2-30  组合吊装示意图

## 四、形状不规则具有柔性的设备吊装作业

越来越多的有色金属在工业设备中发挥着重要角色，尤其是镁铝系合金材质，因其良好的耐腐蚀性、导热性和可塑性，广泛用于石油石化领域的设备制作。但

在利用镁铝系合金材质优点的同时，其缺点也很突出，因其材质可塑性强、硬度小，造成现场设备吊装时易发生变形，给现场吊装施工带来难度。本书从设备概况及吊装难点上出发，针对其吊装难点，较为详细地阐述镁铝系合金材质设备的吊装方法。

（一）安全技术措施

（1）捆绑吊带在试吊预紧时，应采取预受力→卸力调整→试吊受力的方式。吊带直径大、外保护层厚，吊带捆绑设备时难免存在相互挤压、保护套局部拥挤、移动受阻等情况。通过吊带受力，检查吊带需要梳理部位，确保吊带在吊装过程中，受力均匀。

（2）主吊绳在试吊拉紧过程中，观察橡胶垫片是否滑移、勒断。如有发生，及时调整橡胶垫片位置或补加橡胶垫片。

（3）设备本体表面较为光滑，设备预焊件能够起到防滑、防脱作用。同时，在捆绑好两条相邻吊带通过卸扣相互连接方法，相互受力制约，预防吊带在吊装过程中出现滑脱。

（4）连接吊带使用的卸扣尺寸、规格应与吊带相匹配，卸扣型号选取适中。

（5）设备翻转立正后，通过手拉葫芦调整好设备水平度，缓慢移动穿进钢结构框架，避免设备在移动过程中，因惯性碰撞、划伤设备箱体。

（二）典型做法

1. 工程概况

某乙烯装置中有一台镁铝系合金设备材质为 5083-H112 型。设备由专用胎具支撑运输进场，外形不规则，设备本体由 4 个铝合金箱体组成，通过管线连接成一体（图 2-31）。外形极其不规则，厂家未标记重心位置，设备本身未安装吊耳，设备鞍座位于箱体中间部位。因其设备材质及外形的特殊性，防止设备发生变形损伤是关键，给现场吊装作业带来难度。

2. 吊装方案

结合设备图纸及安装位置，考虑到设备的材质、外形的特殊性，参考以往吊装施工经验，最终采用捆绑吊装方法。采用传统单机提升递送的方式，即主吊车提升设备，溜尾吊车提升尾部的方式，将设备翻转，设备直立状态后，主吊车旋转、平移设备就位。

## 3.施工准备

设备结构形式特殊,设备鞍座位于设备箱体中间部位,且边缘有成型集管。吊装时,采用设备穿进的方式,将钢结构一侧预留出,设吊装翻转至就位状态后,缓慢穿进框架内,安装完预留结构后,设备下落就位。

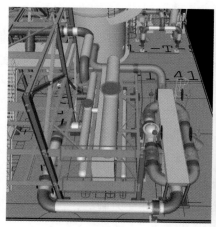

图 2-31 待吊装设备示意图

## 4.吊装程序

(1)设备吊装移动至宽阔处(图 2-32),主、副吊车进入吊装位置。

图 2-32 吊物现场示意图

(2)主吊绳吊带开始围绕设备鞍座上方进行捆绑(图 2-33)。由于吊带自重较大,加之设备捆绑处缺少阻拦焊接附件,临时使用铁丝从设备箱体间穿过,将设备上、下面吊带临时拉住,避免设备下层吊带下坠,吊装时取掉。

图 2-33 不规则柔性设备吊索捆绑示意图

（3）考虑到设备本体材质的特殊性，吊带捆绑使用时，为了加大摩擦力，吊带与设备之间夹垫橡胶垫，同时，橡胶垫起到保护吊带不受损伤的作用。

（4）主吊车挂好平衡梁并与吊带连接，取掉运输胎具工装紧固螺栓，稍拉紧吊带。调整吊带位置，着重检查棱角边缘处，避免吊带受力时因相互挤压断裂。

（5）溜尾吊索与设备接触同样选用吊带，保护设备在翻转立正过程中不受磨损。将吊带兜挂到设备固定支座承重处，保护设备（图 2-34）。吊带与支座接触处夹垫橡胶垫，保护吊带。

图 2-34 不规则柔性设备吊索捆绑侧面示意图

（6）吊装检查完毕后，采用单机提升递送法，即采用主吊车提升设备顶部、溜尾辅助吊车提升设备底部的方式把吊装设备吊起，直至设备呈直立状态。

（7）吊点位置位于设备中间，设备外形不规则，存在吊点与设备重心偏心的问题。在系挂平衡梁时，将 5t 吊带及手拉葫芦系挂好后，主吊车吊起设备后，通过手拉葫芦调整设备水平度（图 2-35），解决设备直立状态后因重心偏心造成的就位困难。

（8）设备完全穿进钢结构框架后，安装侧边承重梁。紧固、焊接后，主吊车稍作调整，设备平稳下落固定，吊车退场。

图 2-35　不规则柔性设备吊索具捆绑示意图

## 第五节　吊装作业条件

### 一、设备条件

起重机械是吊装作业的基础，起重机械可靠的结构、强度、性能是顺利完成吊装作业并满足作业安全的基本保障。

#### （一）起重机

（1）起重机金属结构和机械零件应具有足够的强度、刚度和抗屈服能力。

① 起重机零部件和金属结构满足强度要求，受载后不破坏。对承受应力循环次数少或重要性一般的零件，进行静强度计算；对承受循环应力的零件或构件则进行疲劳强度计算。

② 起重机零件及构件应有足够的刚度，在吊装过程中不应产生过大的变形，因此要求在载荷作用下构件所产生的变形应在允许的范围内。

③ 细长杆件等满足稳定件要求，在吊装作业过程中受压弯曲，静定结构造成几何结构变形时，仍能保持状态平衡。

（2）起重机整机必须具有必要的抗倾覆稳定性。

臂架类起重机必须具有足够的抗倾覆能力，同时在大风等恶劣天气下可实现锁死或自动停机转向功能，以保证稳定性和安全。

（3）进入防爆特殊环境应良好接地并防止静电积聚。

如吊装作业的工作环境中存在可燃气体、粉尘或者易燃物品，起重机械和配件应具备防爆性能，在进入作业现场前车辆发动机排气管应安装防火罩，以防止火灾或爆炸。在操作起重机械时，需要确保良好的接地，以防止静电积聚和电击风险。

## （二）平衡梁

平衡梁又称铁扁担，在吊装工程中广泛应用，主要作用是保持设备在吊装过程中的稳定，防止因重心偏移或受力不均而导致的设备倾斜或翻转，避免吊索直接损坏设备。平衡梁可分为板孔式平衡梁、滑轮式平衡梁、支撑式平衡梁、桁架式平衡梁等，平衡梁的使用应符合下列规定：

（1）自行设计、制造的平衡梁，其设计图纸与校核计算书应随吊装施工技术方案一同审批。

（2）使用前应检查确认。

（3）平衡梁使用时应符合设计使用条件。

（4）使用中出现异常响声、结构有明显变形等现象应立即停止。

（5）使用中应避免碰撞和冲击。

## （三）地锚

地锚通常用于大型设备吊装、高空吊装作业、流动式起重机作业、多机联合吊装及特殊环境下的吊装作业。在空间受限的环境中进行吊装作业时，地锚可以提供额外的固定点，保证操作的安全；在地形复杂或地面条件不佳的情况下，地锚能够增加吊装设备的稳定性，避免因地面问题引发的安全事故。地锚在起重作业中提供了重要的稳定保障，通过固定拖拉绳、缆风绳、卷扬机和导向滑轮等设备，确保吊装操作的安全和可靠。地锚的使用应符合下列规定：

（1）地锚结构形式应根据受力条件和施工地区的地质条件设计和选用。

（2）每个地锚均应编号，埋入式地锚应以绳扣出土点为基准在吊装施工方案中给出坐标，并应在埋设及回填后进行复核。

（3）埋入式地锚基坑的前方，拖拉绳受力方向坑深2.5倍的范围内，不得有地沟、线缆、地下管道等。

（4）地锚的制作和设置应按吊装施工方案的规定进行。埋入式地锚在回填时，应使用净土分层夯实或压实，回填高度应高出基坑周围地面400mm以上，且不得浸水，并应做好隐蔽工程记录。

（5）埋入式地锚设置后，受力绳扣应进行预拉紧。

（6）地锚应设置许用工作拉力标志。

（7）利用混凝土柱或钢柱脚作为地锚使用时，受力方向应水平，受力点应设在柱子根部，并应根据受力大小核算柱子相关部位的强度。

## 二、地面条件

起重机械需要在坚实、平整和稳定的地面上操作，并满足要求的承载力。事先探明地质情况及地下坑洞、沟渠、电缆、光纤、管线等隐蔽物并采取可靠防护措施，吊装机械站位及行走区域地基处理及铺垫满足作业要求。

不同的起重机械常见对地载荷型式主要分为塔吊类固定点式、行吊类固定条式、轮胎类吊车点支承式、履带类吊车面支承式。

### （一）中小设备吊装地基处理

吊装中小设备，可以根据实际情况，采用如下几种方法对地基进行处理。

（1）如果松软的泥土地面，需要在支腿下方铺设钢板或专用碳纤维板，增加压力面积，避免支腿凹陷。

（2）如果是凸凹不平的地面，可以使用铁铲对地面进行平整，如果地面是水泥路面，可以在支腿下方铺设木板、铁板，保证四个支腿在同一平面。条件允许的话，可以使用铲车或者推土机，回填地面。

### （二）大型设备吊装地基处理

其吊装场地的处理需根据场地的地勘报告、吊装技术参数、起重机说明书或操作手册等来设计和计算起重机械对地的要求，常用换填法、强夯法、桩基法进行地基强化处理。

### （三）特殊起重机械地基处理

塔式起重机和门架起重机等特殊起重机械，考虑其基础的独特性，其地基设计往往由厂家制定相应的地基设计图。对于流动起重机的非固定作业面，地基复杂多变，常用的地基处理方法为换填法，具体如下。

（1）开挖前应提前确认地下隐蔽工程的位置和设施，开挖过程应检查土质是否与地勘报告一致，若土质为新形成淤泥、流沙回填松土等则开挖至自行沉降土层，并根据实际情况修订地基处理方案。

（2）地基开挖后应压实，若地基内有积水，必须将积水排干后方可回填垫层。

（3）回填应根据回填材料和压实机械进行分层压实。

（4）处理地面应结实平整，坡度不宜大于 0.5%，最大不超过 1%。

（5）地基处理完毕后，需进行相应的地基承载力试验，试验可采用浅层平板载荷试验和压重试验。

## 三、气象条件

### （一）天气条件

吊装作业应具有良好的光照和视野，无雷雨、大雪、大雾、沙尘等天气，能见度不宜低于 100m，当风力等级≥10.8m/s（六级）等恶劣条件时不应露天作业；如吊装同时涉及高处作业的，当风力等级≥8m/s（五级）时不宜作业。

### （二）温度和湿度条件

吊装作业环境应保持在适宜的温度和湿度范围内，以确保机械正常运行。过高或过低的温度可能会影响机械部件的稳定性和耐用性，具体温度湿度条件应对照起重机械使用说明书。当气温≤-20℃如需要进行吊装作业时，其设备本体材料、吊耳材质及其他吊装用机具、索具均应具有适用于在此气候条件下使用的证明文件，还应当编制吊装作业方案，制订相应的防控措施。

## 四、作业环境

### （一）空间条件

（1）起重机械操作的高度范围符合工作环境的限制，避免撞击及其他安全隐患。需要有足够的空间进行运动和转动，起重机与周围设施的安全距离不应小于 0.5m，便机械进行旋转和伸缩完成起重作业。在狭小的空间中使用起重机械时，需要特别注意机械的伸展范围，避免碰撞或夹损其他设备或机械。

（2）起重机在沟边或坑边作业时，应与其保持必要的安全距离，一般不小于坑深的 1.2 倍，且起重机作业区域的地耐力满足吊装要求；起重工作业区域有坑洞时要采取覆盖或围挡措施，临边作业和高空作业时的防护措施要到位、可靠。

（3）不应靠近输电线路进行吊装作业，确需在输电线路附近作业时，起重机械的安全距离应当大于起重机械的倒塌半径，并符合 DL/T 409—2023《电力安全

工作规程 电力线路部分》的要求。不能满足时，应当停电后再进行作业。具体见表 2-6。

表 2-6　起重机与输电线的最小距离

| 输电线路电压，kV | <1 | 1~20 | 35~110 | 154 | 220 | 330 | 500 |
|---|---|---|---|---|---|---|---|
| 最小距离，m | 1.5 | 2 | 4 | 5 | 6 | 7 | 8.5 |

（4）在吊装作业范围内也应保持足够的人员安全间距，作业范围内设置警戒区域，主要路口及区域设专人监护，无关人员及车辆严禁进入和停留。

（5）提前清除影响吊装作业的障碍物，吊物的吊装路径应当避开油气生产设备、管道，不方便清除时要采取相应措施以满足吊装要求。

## （二）通风条件

在工作环境中，要确保有足够的通风，以保证起重机械和操作人员免受有害气体或者有毒物质的侵害，防止引发作业人员呼吸系统疾病或中毒。

## （三）照明条件

起重机械需要在足够的光照条件下进行操作，以确保操作人员能够清晰地看到和判断起重物的位置和状态。夜间禁止进行大中型吊装，无法避免的小型地面吊装应有足够的照明和充分的应急措施，配备足够的照明设备，保障操作人员在夜间或低照度环境下能够正常工作。

## 第六节　吊装视频监控

在石油石化行业中，吊装作业是一项复杂而危险的任务，对于操作人员的技能和注意力提出了更高的要求，吊装视频监控技术为此提供了坚实的基础，其涵盖了人工智能、计算机视觉、图像处理和视频分析等多个领域的应用，通过这些先进技术的引入，可以更全面、高效地监控吊装操作，智能识别相关事件或者行为，做到可以实时监控相关违章行为，从而提高吊装作业过程中的安全性和效率。

### 一、现场视频实时回传＋后台人工违章识别的监控模式

这种吊装视频监控模式是目前广泛应用于石油石化行业中，对于现场隐患、违章进行监控、确保吊装安全的重点手段，此项技术目前已经在现场应用比较成熟。

这套视频监控系统主要由安装于吊车操作室内的视频主机＋星光发射一体机（第三路视频）、安装于吊车外各位置的3路高清视频监控及后台搭建的违章行为自动识别系统构成，可实现吊楼和吊钩下方高清视频监控、力矩限制功能、远程对讲功能及安全数据分析等功能（图2-36）。

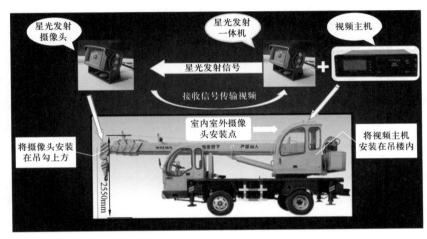

图2-36 设备安装位置

吊楼驾驶室内1路高清摄像头安装在驾驶员座位上方，用于监控驾驶室内；驾驶室外安装1路高清防水摄像头，用于监控驾驶室前方；吊钩安装1路无线防水摄像头，用于监控吊钩下方。

驾驶室内安装显示屏，可直接显示3路视频画面。平台显示效果如图2-37所示。

图2-37 平台显示效果

后台安装车辆安全违章自动识别管理综合服务系统，与人工监控相结合，可实时纠正隐患和违章，数据综合分析和应用。

通过后台监控，不仅可以实时查处隐患和违章，还可以查看各单位及监控人员每日在岗时长、抽查车辆定位信息、历史轨迹、查看视频、违章处理、在线时长、抽查车辆情况、内容、调度明细等，实施监控痕迹管理。

## 二、智能化预警与自动控制实现智能化管理

新型起重机械管理应用还具备智能预警功能，可根据不同应用场景进行智能分析。通过安装传感器和智能化设备，实时监测起重机械的运行状态，自动诊断故障，并及时预警。针对设备安装检测、特种人员证书、设备使用年限、日周月检查等关键节点，实施自动控制和提醒。这一功能有助于降低事故发生的风险，提高起重机械的本质安全水平。

（1）通过红外硬件＋电子围栏，打造起重设备预报警联锁功能，实现预警、报警、自动喊话于一体的现场作业虚拟警戒区。

（2）通过人脸图像识别技术，在系统中比对准入信息与门禁系统采集人脸信息，自动匹配和确认起重司机。

（3）通过车牌图像识别技术，在系统中比对准入信息与门禁系统采集的车牌信息，自动匹配和确认起重设备。

（4）增加手持终端辅助扫描比对 App，实现吊索具型号、磨损程度及被吊物吊点、设备参数等的自动辨识。

## 三、人工智能违章识别的探索

人工智能（简称 AI）吊装视频监控技术的发展标志着吊装领域监管与安全管理的一次革命，通过结合先进的人工智能技术，吊装操作得以更加智能、精准和可控，从而提高吊装的效率和安全性。

计算机视觉在吊装视频监控技术中发挥着重要作用，它能够帮助监控吊装作业的安全性和效率。以下是一些关于计算机视觉在吊装视频监控技术方面的详细信息。

视频分析在吊装视频监控技术中是一项关键的技术，它通过对吊装现场的视频数据进行深入分析，提供了更智能、自动化的监测和决策支持。以下是系统分析吊装视频监控技术的一些重要方面。

## （一）人工智能吊装视频监控技术应用

### 1. 实时风险预测与预警

AI吊装监控系统利用深度学习功能，通过实时监测吊装现场的各种数据，如现场风力、吊物重量、吊物状态等，系统能够预测潜在的风险，提前发出预警。

### 2. 智能识别与分类

AI技术系统、准确识别吊装作业环境、人员、行为等各种因素，通过主动智能分析，第一时间实现感知风险，防范潜在的危险和错误。

### 3. 自动化决策支持

自主判断当前吊装操作的安全性，提出相应的建议或警告，在紧急情况下快速做出正确的决策，提高吊装作业监控的及时性、准确性。

### 4. 学习性能的持续优化

通过大量吊装作业图像、视频数据的不断积累和分析，AI吊装监控系统实现学习性能的持续优化，自动调整分析，不断提高准确率。

例：通过四个视角对吊装现场各类目标进行检测，分别是外围视角、驾驶室内视角、驾驶室视角、吊臂顶部视角，各视角的检测画面如图2-38～图2-41所示。

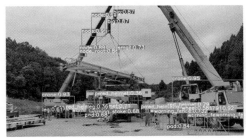 

图2-38 外围视角

图2-39 驾驶室内视角　　　　　　　　图2-40 顶部视角

图 2-41　驾驶室视角

## （二）计算机视觉吊装视频监控技术

### 1. 目标检测和跟踪

追踪吊装过程中的吊物、吊钩、人员等对象，通过实时监测这些对象的位置和状态，如人员站位不当、吊物上存在活动物品等（图 2-42～图 2-45），及时发现潜在的安全风险。

图 2-42　司机离开操作室未戴安全帽

图 2-43　千斤垫板用钢丝绳捆绑在吊车支腿上

图 2-44　吊车大钩吊索具未取除，使用小钩吊装

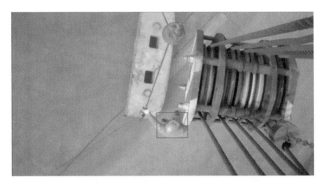

图 2-45　擅自进入警戒区域与人员在吊臂或吊物下穿行

### 2. 姿态估计

通过吊装对象的姿态和方向估算，确保吊装作业保持在安全的位置和角度。

### 3. 安全边界检测

监控视频中实时检测出吊装区域的安全边界，进行有效限定，避免吊物与周围环境、设备发生碰撞。

### 4. 动态负荷监测

通过分析视频数据，实时监测吊装过程中载荷的变化情况，货物的重量和重心位置，以确保吊装设备在安全范围内操作。

## （三）视频分析吊装视频监控技术

### 1. 异常事件检测

通过对视频流进行实时分析，系统能够检测到异常的行为模式，并在发现潜在风险时及时发出警报，帮助监控人员迅速采取措施，确保吊装操作的安全性。

2. 实时运动分析

通过对视频中各个物体的运动进行分析，系统可以实时追踪吊装设备、物体和人员的位置和动向，在需要时做出及时的决策。

3. 物体识别与分类

自动识别吊装设备、障碍物及作业人员，为监控人员提供更全面、准确的信息，降低误判率，提高监控系统的智能性。

### 示例 1：对吊物进行识别

识别如图 2-46 至图 2-48 所示。

图 2-46　钻具

图 2-47　钻井泵

图 2-48　柴油机

### 示例 2：进入警戒区域报警

1. 擅自进入警戒区域

吊车处于负载状态时，顶部画面在吊物周围标注出危险警戒区域，画面中人的检测框和警戒区域相交时判定进入警戒区域（图 2-49）。

图 2-49 检测到有人员进入警戒范围

### 2. 人员在吊臂或吊物下穿行

吊车处于工作状态时，顶部画面中部标注出吊臂的危险警戒区域，画面中人的检测框和警戒区域相交时判定在吊臂下穿行（图 2-50）。

图 2-50 检测到吊臂下方有人

## 参 考 文 献

［1］吴忠宪，宋吉产，田福兴，等. 大型设备吊装工程实用手册 ［M］. 北京：中国建筑工业出版社，2012.

# 第三章　吊装作业安全管理

石油石化行业吊装作业的复杂性、多样性给施工安全带来很大的风险，吊装作业安全管理是防范风险、保障作业人员和设备安全的重要环节。各企业结合业务范围内吊装作业活动特点和风险特性，通过建立吊装作业清单制，实施吊装作业人员和设备的管理，优化吊装工艺技术流程，全面履行各级人员的安全职责，确保作业安全和顺利进行。通过提高吊装作业安全管理水平，加大对吊装作业过程监管的重视程度，有效实施作业许可管理，才能使吊装作业的风险管控更加体系化、规范化。

## 第一节　吊装作业清单制管理

2019 年 3 月 21 日，江苏省盐城市响水县某化工园区内发生了一起特别重大的生产安全事故，共造成 78 人死亡、76 人重伤，640 人住院治疗，直接经济损失 19.86 亿元。此次事故暴露出国家安全生产责任制落实不到位、管业务与管安全脱节、风险排查管控走过场的痼疾，为切实加强安全生产监督管理，深刻汲取事故经验教训，逐步实行"尽职照单免责、失职照单追责"的管理界面，我国各省市逐步提高了对安全生产责任制的重视程度。其中，四川省安全生产委员会办公室于 2019 年 6 月发布了《关于在全省推行安全生产清单制管理工作的通知》（川安办〔2019〕37 号），在此基础上，安全生产清单制管理逐步显现雏形。

所谓安全生产清单制管理就是把安全生产政策、法律法规、标准、规范的要求和实际工作的要求以清单形式固化下来，将责任和工作要求落实到单位和每一个责任人，实行照单履责、按单办事，从而减少工作失误和推诿扯皮的目的。各石油石化企业可根据地区差异、专业差异，在既定范围内制定符合自身行情的安全生产清单制，并有效推行清单制管理。吊装作业清单制管理是以安全生产清单制管理为基础，结合石油石化吊装作业工作实际，按照包括但不限的原则拓展建立的专业性安全生产清单制，其主要包括：安全生产主体责任清单、安全生产岗位责任清单、吊装作业风险管控清单和吊装作业日常工作清单。

## 一、安全生产主体责任清单

安全生产主体责任是指企业或单位作为生产经营主体，在日常生产作业活动中，对自身所承担的安全生产责任，以及对其他相关各方的安全生产责任，是我国安全生产法律体系的核心主体，也是安全生产工作的基本原则和要求。安全生产主体责任的基本原则应该包括以下几个方面：（1）安全生产；（2）领导负责；（3）分级负责；（4）部门协助。企业安全生产主体责任应在《中华人民共和国安全生产法》第二十一条的基础上进行完善和实施应用。吊装作业安全生产主体责任明确了作业主体和相关方的安全生产责任，按照"谁主管谁负责，谁批准谁负责，谁作业谁负责，谁的属地谁负责"的原则，进一步明确吊装作业涉及的相关方主体责任，主要包括作业区域所在单位和作业单位。主体责任见表3-1。

表3-1　主体责任清单

| 序号 | 单位 | 安全生产主体责任 |
|---|---|---|
| 1 | 作业区域所在单位 | 1.组织作业单位、相关方开展风险评估，制订相应的安全措施或者作业方案。<br>2.提供现场作业安全条件，向作业单位进行安全技术交底。<br>3.审核并监督安全措施或者作业方案的落实。<br>4.负责作业相关单位的协调工作。<br>5.监督现场作业，发现违章或者异常情况应当立即停止作业，必要时迅速组织撤离 |
| 2 | 作业单位 | 1.参加作业区域所在单位组织的作业风险评估。<br>2.制订并落实作业安全措施或者作业方案。<br>3.组织开展作业前安全培训和工作前安全分析。<br>4.检查作业现场安全状况，及时纠正违章行为。<br>5.当现场不具备安全作业条件时，立即停止作业，并及时报告作业区域所在单位 |

## 二、安全生产岗位责任清单

安全生产岗位责任清单（表3-2）是指企业或单位对每个工作岗位设置明确的职责和要求。按照"管工作必须管安全""谁的区域谁负责"的原则，安全生产岗位责任清单明确了作业人员在工作过程中遵守相关安全规定的条款，其主要包括安全生产职责、工作任务、工作标准、工作结果和安全承诺等内容。吊装作业安全生产岗位责任清单应当以吊装作业过程为核心，规范建立满足吊装作业步骤和流程的安全生产责任，按照操作人员、指挥人员、司索人员和监护人员四个岗位形成"一岗一清单"。

表 3-2　岗位责任清单

| 序号 | HSE 职责 | 主要任务 | 工作标准 | 工作结果 |
|---|---|---|---|---|
| 1 | 贯彻落实有关 HSE 法律法规及上级规章制度、标准规程，对本岗位 QHSE 工作负责，自觉接受安全环保监管和安全检查 | 1. 学习相关的 HSE 法律法规及上级规章制度、标准规程。<br>2. 参加岗位资格证培训，并取得相应的岗位资格证书 | 1. 参加 HSE 法律法规及上级规章制度、标准规程的学习培训，并考核合格。<br>2. 取得相应的资质证书（驾驶证和内部准驾证），并定期进行审验 | 1. 培训记录。<br>2. 取得合规有效的驾驶证、内部准驾证 |
| 2 | 参加 HSE 教育培训、应急演练等活动，提高本岗位安全环保和应急处置技能 | 3. 参与各级组织开展的 HSE 教育培训、应急演练 | 3. 参与中队日常培训和专项培训，掌握本岗位的 QHSE 知识和岗位职责，并考核合格。<br>4. 按照应急演习计划参与应急演习，熟悉岗位应急处置卡，掌握本岗位应急职责，并熟悉应急流程 | 1. 培训记录。<br>2. 应急演练记录。<br>3. 岗位应急处置卡 |
| 3 | 熟练掌握作业现场和工作岗位存在的 HSE 危害因素，落实风险防控措施 | 4. 掌握作业现场、岗位存在的危害因素及其控制措施 | 5. 了解本岗位存在的危害因素，掌握并落实相应的风险防范措施。<br>6. 正确使用和维护本岗位安全设备设施、个人防护用品 | 岗位风险清单 |
| 4 | 按规定开展岗位检查，上报事故隐患，落实属地和职责范围内隐患排查治理 | 5. 按照岗位检查表开展日常查患纠违工作。<br>6. 按照规定及时进行车辆回场检验及维护保养，及时处理车辆故障 | 7. 每日落实车辆日检，并如实记录检查及整改结果，建立健全车辆台账。<br>8. 开展车辆回场检验，按照设备管理要求实施维护保养工作，取得回场检验合格证 | 1. 车辆检查记录。<br>2. 车辆档案。<br>3. 回检记录、维修记录 |
| 5 | 及时、如实报告 HSE 事故事件，正确组织处置应急事件 | 7. 及时、如实报告事故事件。<br>8. 参与应急状态下正确处置 | 9. 在规定的时间内，如实报告事故相关内容，不迟报、不谎报、不隐瞒，保护好事故事件现场，积极配合上级部门调查。<br>10. 按照现场应急处置程序，执行本岗位应急职责 | 岗位应急处置卡 |

安全承诺：

　　本人承诺保证国家和企业安全生产法令、规定、指示和规章制度；熟悉岗位安全生产责任清单并严格执行落实；对本岗位内的安全管理负责，坚决杜绝"三违"；自愿接受安全检查与监督考核，绝不弄虚作假；定期组织安全检查，督促落实隐患整改；及时如实上报事故事件。如有违反，按照考核标准、责任书和相关规定考核；发生生产安全事故，失职照单追责。

• 安全生产职责：包括通用安全生产职责和业务风险管控职责。通用安全生产职责包括贯彻落实法律法规及上级要求、健全岗位安全责任制、完善业务管理制度和操作规程、事故教训吸取和资源利用、岗位人员安全培训和能力提升等通用要求；吊装作业风险管控职责包括作业过程风险分析评估、风险防控措施制订和落实、应急措施落实、安全监督检查等要求。

• 工作任务：是保障安全生产职责落实所需要完成的具体任务，是对每一项安全生产职责的进一步细化分解。明确了吊装作业活动全过程的具体环节、步骤和程序，明确履行每一项安全生产职责所需完成的具体工作，主要包括对车辆设备进行安全检查、熟悉作业环境和作业风险，是作业人员履行安全生产职责的具体体现。

• 工作标准：是为评价岗位安全生产工作任务完成情况所确定的标准，明确了完成每一条工作任务的程序、方法、时限、频次和结果。吊装作业人员的工作标准是评判履行安全生产职责的衡量工具，如开展设备安全检查的时间和频次、开展安全教育培训的频次等内容。

• 工作结果：是检验工作任务完成并符合工作标准的可查询结果，能验证或推定岗位员工工作达标、任务完整和履职尽责状态。吊装作业人员的工作结果是吊装作业过程的唯一任务指标，包括吊装作业人员的日周月及当班次吊装作业的完成工作任务。

• 安全承诺：是践行国务院安全生产委员会关于加强企业安全生产诚信体系建设的重要要求，目的是促进岗位员工依法依规、诚实守信加强安全生产工作，其内容简洁、明确、可操作并具有约束力。

## 三、安全生产风险管控清单

安全生产风险管控是指通过对各类风险进行科学识别、评估和预防，辨识出作业过程存在的重大风险，明晰各项风险主要管控措施，从而降低生产安全风险。安全生产风险管控清单是将风险及其对应的管控措施逐一明确，针对性建立风险管控的工作清单（表3-3），主要目的是把风险管控责任层层分解到岗到人，实现人防、物防、技防等管控措施层层到位，达到事前防范、精准管控的目标。在石油石化吊装作业工作中，安全生产风险管控清单通常包括设备设施、作业活动等多个方面，通过对作业环境、作业过程的风险进行辨识并制订风险控制措施，达到岗位风险防控的基本效果，由作业单位分层级细化风险管控措施和主要责任人，将各个风险控制措施落实到岗位。

表 3-3　风险管控清单

| 序号 | 涉及作业活动、区域、设备主要风险 | 防控措施 |
|---|---|---|
| 1 | 交通运输安全风险 | 1. 严格遵守《中华人民共和国道路交通安全法》、安全行车规章制度和标准化作业程序 |
| | | 2. 主动识别和控制岗位新增风险，做好防御性驾驶，严禁冒险蛮干 |
| | | 3. 严格落实行车"十不准"等规定，服从调度指令及现场监管 |
| | | 4. 严禁私自搭乘无关人员 |
| | | 5. 积极参加班组防御性驾驶培训和安全经验分享，提高安全意识和安全技能 |
| 2 | 起重伤害风险 | 1. 作业前开展工作安全分析，认真进行风险识别并落实风险控制措施 |
| | | 2. 专人指挥，信号明确，严格执行"十不吊""十必须""五个确认"等吊装安全管理规定 |
| 3 | 火灾风险 | 落实车辆电瓶检查和驾驶室定置管理，严禁驾驶室私拉乱接电线，及时发现和整改隐患 |
| 4 | 滑跌风险 | 1. 积极参与班组预防滑跌相关知识的培训学习，增强滑跌防范意识 |
| | | 2. 上下车辆驾驶室及操作室时，双手必须扶牢扶手，严禁高处跳跃 |

## 四、吊装作业日常工作清单

吊装作业日常工作清单用于将企业的各项检查内容科学、有序地落实到各吊装作业相关岗位，以清单形式列出岗位日常安全工作的重点内容、安全检查内容、检查标准。日常工作清单主要涉及操作类、管理类、检查类和应急类四种。

操作类清单主要指吊装作业《岗位安全操作清单》（表 3-4），根据工况和实际场地，从作业前、作业中、作业后和突发事件应急处置等 4 个方面明确吊装作业关键管控节点和风险控制措施。检查类清单主要指吊装作业《岗位安全检查表》，依据各单位现用的《岗位安全检查表》（表 3-5）进行制修订，突出关键风险节点，量化检查指标，做到"一岗一检查表"。涉及的主要岗位包括吊装作业过程各环节监管人员。管理类清单主要指吊装作业管理活动中涉及的工作清单，对应 HSE 管理要素建立的工作表，包括但不限于《吊装作业隐患排查治理清单》（表 3-6）《××特种设备安全管理清单》等。应急类清单主要指岗位应急处置的工作程序，包括但不限于《吊装作业 ×× 岗位应急处置卡》（表 3-7）。

表 3-4　岗位安全操作清单

| 作业名称 | 吊装作业 | 所在部门 | 生产指挥部 | 风险等级 | 1级 |
|---|---|---|---|---|---|
| 作业前准备 | 1. 开展风险辨识与评估。<br>2. 办理吊装作业安全许可证,开展吊装作业工作前安全分析。<br>3. 确认吊装作业环境无隐患,设置吊装作业区域采取隔离措施。<br>4. 安全管理人员、作业人员、作业监护人员对安全措施进行逐一检查,确认无误后逐项确认、签字 | | | | |
| 作业中安全操作要点 | 1. 严格执行《吊装作业安全操作规程》。<br>2. 作业过程监护人全程实施监护措施 | | | | |
| 作业后安全操作要点 | 1. 各方共同对现场验收并签字。<br>2. 清理作业现场 | | | | |
| 应急救援措施 | 1. 发生突发事故时,发现人应立即示警和通知现场安全负责人。<br>2. 拨打医疗急救电话120 | | | | |

表 3-5　岗位安全检查表

设备名称:＿＿＿＿＿＿＿＿＿＿＿＿　　　　设备编号:＿＿＿＿＿＿＿＿＿＿＿＿

检查日期:＿＿＿＿＿＿＿＿＿＿＿＿　　　　检查人员:＿＿＿＿＿＿＿＿＿＿＿＿

| 序号 | 检查项目 | 检查标准/内容 | 检查结果 | 措施 |
|---|---|---|---|---|
| 1 | 外观检查 | 外观整洁,无明显破损、变形,油漆无严重脱落 | □合格　□不合格 | |
| 2 | 吊钩检查 | 吊钩无裂纹、变形,转动灵活,防脱钩装置完好 | □合格　□不合格 | |
| 3 | 取物装置检查 | 取物装置结构完整,无裂纹、变形,连接牢固 | □合格　□不合格 | |
| 4 | 钢丝绳检查 | 钢丝绳无断丝、锈蚀、磨损超标,排列整齐,无跳槽现象 | □合格　□不合格 | |
| 5 | 制动器检查 | 制动器工作可靠,制动片磨损在允许范围内,制动间隙合适 | □合格　□不合格 | |
| 6 | 离合器检查 | 离合器结合平稳,分离彻底,无打滑、过热现象 | □合格　□不合格 | |
| 7 | 紧急报警装置检查 | 紧急报警装置灵敏可靠,声音响亮,能有效警示周围人员 | □合格　□不合格 | |
| 8 | 传动部件运行观测 | 传动部件(如齿轮、轴承等)运行平稳,无异常响声及过热现象 | □合格　□不合格 | |
| 9 | 控制系统与电器元件检查 | 控制按钮、接触器、继电器等电器元件工作正常,无异常显示 | □合格　□不合格 | |

续表

| 序号 | 检查项目 | 检查标准/内容 | 检查结果 | 措施 |
|---|---|---|---|---|
| 10 | 安全保护装置检查 | 所有安全保护装置（如超载限制器、力矩限制器等）功能正常 | □合格　□不合格 | |
| 11 | 液压/气动系统检查（如适用） | 系统无泄漏，压力稳定，元件无异常磨损或损坏 | □合格　□不合格 | |
| 12 | 周围环境与安全标识检查 | 作业区域整洁，无杂物堆放，安全标识清晰，位置醒目 | □合格　□不合格 | |

检查总结：

处理意见：

1. 对于检查中发现的不合格项，请详细记录并立即采取措施进行整改。

2. 若存在可能影响设备安全运行的问题，应立即停止使用相关设备，并上报相关部门处理。

表3-6　吊装作业隐患排查治理清单

| 检查情况 | | | | 整改情况 | | | 验收情况 | | |
|---|---|---|---|---|---|---|---|---|---|
| 检查时间 | 隐患描述 | 隐患等级 | 原因分析 | 整改措施 | 整改责任人 | 整改完成时间 | 验收时间 | 验收情况 | 验收人 |
| 2024年×月×日 | ××车辆××位置一干粉灭火器过期未检查 | 一般隐患 | 车辆驾驶员责任心不强，未按时开展检查 | 立即检查 | ×× | 2024年×月×日 | 2024年×月×日 | 已检查确认 | ×× |
| 2024年×月×日 | ××车辆高度限位器和三色指示灯未安装 | 较大隐患 | 对设备的安全附件配备不齐全，设备准入时未进行校验 | 立即组织安装汽车起重机高度限位器和三色指示灯 | ×× | 2024年×月×日 | 2024年×月×日 | 已由专业机构进行安装，使用正常 | ×× |

表3-7　岗位应急处置卡

| 事件名称 | 危害描述 | 岗位 | 应急处置流程 |
|---|---|---|---|
| 起重事故 | 设备损坏、人员伤害 | 驾驶员 | 停车→设置警示标志→救人→报警→警戒→保护现场→报告 |
| 火灾事故 | 人员伤害 | 驾驶员 | ××× |
| 注意事项 | 1. 自救和互救过程中，做好个人防护<br>2. 应急电话：×××（24小时值班电话）<br>3. 报警电话：110、119、122、12122 | | |

## 第二节　吊装作业人员管理

吊装作业人员是石油石化行业高危作业的重要环节之一，通过人员的规范管理可以削减因人的因素带来的安全风险。吊装作业人员管理主要包括作业人员基本要求、作业人员的能力评价及作业人员的安全培训，通过人员资质证照的基本要求、能力评价的综合要求和安全培训的全面提升，达到满足吊装作业现场对作业人员安全能力的基本要求。

### 一、作业人员基本要求

#### （一）指挥人员

指挥人员是指在吊装作业中，负责发出各种起重信号指令的作业人员（图3-1）。一般而言，一个作业仅有1名指挥人员，在大型吊装作业中，因视线受阻，可安排辅助指挥。

上岗要求：在视力、听力和反应能力方面符合岗位要求，具有判断距离、高度和净空的能力，取得相关部门颁发的"起重机械指挥作业证Q1"，熟练应用信号。能给出准确、清晰的口头指令，经能力评估具备指挥岗位能力。

#### （二）司索人员

司索人员是指在吊装作业中，紧密配合起重机械操作人员、指挥人员，负责准备吊具、捆绑、挂钩、摘钩及装卸等任务的作业人员（图3-2）。

图3-1　吊装指挥人员

图3-2　吊装司索人员

上岗要求：经过司索作业安全知识培训和能力评估具备岗位能力，身体健康，视力（含矫正视力）0.7以上，无色盲，听力满足作业需求，清楚人员进入作业区域的危险性，清楚作业风险，具备对距离、高度、净空和载荷具有判断评估和监视的能力，熟悉安全规程、安全信号、安全标识，具备紧急情况下自救、互救能力。

### （三）起重机司机

起重机司机是指在吊装作业中操作起重机的专业技术人员（图3-3）。

上岗要求：在视力、听力和反应能力方面符合岗位要求，具有判断距离、高度和净空的能力，取得相关部门颁发的"起重机械操作证Q2"，熟练判别信号，能够对指令作出正确反应。由于起重机司机的安全意识和安全技能对吊装作业安全的影响较大，在油田建设中，一些企业将汽车起重机和随车起重机纳入特种设备实施管理，人员宜持有"起重机械操作证Q2"，并具备一定年限的作业经历等要求。

### （四）监护人员

监护人员是指在作业现场实施安全监护的人员，由具有实践经验的人员担任（图3-4）。

图3-3　起重机司机　　　　　　　图3-4　吊装监护人员

上岗要求：具备钻井等相关工作经验，特别是在石油钻探、安全生产管理等领域有实际工作经验，熟悉作业区域、部位状况、工作任务和存在风险；具有良好的沟通协调能力，负责作业现场的安全协调与联系；具备良好的身体素质和适应能力，能够胜任野外工作和高强度的工作压力。

### （五）吊装管理人员

吊装管理人员是指在车队中负责制定和执行管理制度、安全监督与检查、培训与指导、技术档案管理、事故处理与预防、应急救援等管理工作的专业吊装管理人员（图3-5）。

图 3-5 吊装管理人员

上岗要求：熟悉并执行与吊装作业相关的国家政策、法规，具备吊装作业相关的专业知识，了解吊装设备的性能、操作规程和安全注意事项，有一定的吊装作业管理经验，能够熟练处理作业过程中出现的问题，具备良好的沟通协调能力，能够与吊装作业人员、其他管理人员及相关部门进行有效的沟通和协作。

## 二、作业人员的能力评价

能力评价分为两个层面：一是综合能力评价，由企业组织相关专业单位和部门统一实施；二是作业现场评价，由作业现场 HSE 监管人员实施。

（一）综合能力评价

建立信息档案：将工作年限、安全记录、人员资质、受培训情况等录入档案，便于评价。

建立黑名单制度：对于出现过事故、一年内出现两次重大违章、出现三次及以上严重违章的人员进行纳入黑名单、清退或转岗，制度规定年限内不得再次进入钻机搬迁现场作业。

人力资源管理部门对作业人员的操作技能、应急处置能力、工作态度、工作效率、工作质量、理论知识等进行综合评价，能力评价合格才能上岗作业。

（二）作业现场评价

由现场监管人员核实作业人员资质、能力，审核评价是否满足作业需求。

对起重机司机、指挥人员进行理论知识提问，通过提问评价理论知识的掌握情况，主要包括"十不吊"及起重作业相关规定等。

对作业过程开展行为安全审核评价，尤其是大型设备的起吊、不规则物件的起吊等，应进行针对性行为安全审核评价。

对起吊过程中的操作技能进行评价。

对于不能满足作业需求，不允许实施作业。

（三）各类人员能力评价模型

（1）指挥人员评价模型应该包括以下几方面内容：

• 理论知识：评估吊装指挥人员对起重机结构、工作原理、安全操作规程等理论知识的掌握程度。可以通过笔试或面试的方式进行评估。

• 实操技能：评估吊装指挥人员在指挥起重机进行吊装作业时的实际操作技能。可以观察其在现场的所选取的站位，现场的指挥能力、协调沟通能力、风险辨识能力及应急处理能力等。

• 工作经验：评估吊装指挥人员是否具备一定的工作经验。可以要求其提供相关的工作经历证明，并对其在吊装作业中的表现进行评估。

• 综合素质：评估吊装指挥人员的职业素养、道德品质、沟通能力、团队协作能力等方面的综合素质，以及在处理突发事件时的应急反应能力。

（2）司索人员评价模型应该包括以下几方面内容：

• 理论知识：评估吊装司索人员对安全应知应会安全知识、操作规程等掌握程度，可以通过笔试或面试的方式进行评估。

• 实操技能：评估司索人员在吊装作业中的技能水平，包括对吊具的选择、捆绑、挂钩、摘钩等操作技能的掌握程度，对安全站位的选取、对风险的辨识及对安全操作规程的遵守程度等，对于吊物重量和重心的判断能力，以及对于吊具和索具的安全性能和使用规范的掌握程度等。

• 工作经验：评估司索人员是否具备一定的工作经验，在吊装作业中与指挥人员、起重机司机等人员的协调沟通能力，以及在吊装作业中的实际操作能力和表现。

（3）起重操作人员评价模型应该包括以下几方面内容：

• 理论知识：评估起重操作人员对起重机结构、工作原理、安全操作规程等理论知识的掌握程度。可以通过笔试或面试的方式进行评估。

• 实操技能：评估起重操作人员对作业中常见的违章、隐患的识别能力，风险辨识能力、应急处置能力，安全操作规程的遵守程度等。

• 工作经验：评估吊装操作人员是否具备一定的工作经验，取得操作证等相关证件及工作经历证明，并对其在吊装作业中的表现进行评估。

（4）监护人员评价模型应该包括以下几方面内容：

•理论知识：评估对国家安全生产法律法规、行业标准及企业安全生产规章制度的掌握情况。

•专业知识：评估对石油石化行业安全生产特点、风险防控措施、应急处置等方面的专业知识和技能。如督促属地单位按要求办理作业许可，查验作业许可现场审核和书面审批情况，并进行监督认可确认。

•隐患排查：评估在检查中能够发现和指出各类安全隐患，提出整改措施和建议，并跟踪督促整改的能力，对吊装作业过程进行全过程旁站监督，发现不安全行为进行制止和纠正。

•事故处理：评估按照应急预案，在事故发生时采取有效措施，迅速组织现场人员疏散、开展救援工作等方面的能力。

•沟通协调：评估与相关方沟通协调的能力，包括与上级部门、承包商、员工等的沟通协调，以及处理各种纠纷和投诉的能力。

（5）吊装管理人员评价模型应该包括以下几方面内容：

•理论知识：评估吊装管理人员对吊装基本原理、吊装设备性能、吊装工艺流程等方面的吊装技术与知识理论掌握情况，对吊装作业安全规程、国家及行业标准、相关法律法规的熟悉程度，可通过书面考试或面试的形式，检验吊装管理人员的理论知识水平，针对吊装作业的关键环节和常见问题，进行深入的提问和交流，以了解其理论知识的深度和广度。

•专业能力：评估吊装管理人员掌握对设备、附属设施、安全装置的检查流程与标准掌握情况，在面对吊装作业中的复杂问题时，能否迅速找到问题根源并提出有效的解决方案。

•隐患排查：评估在吊装作业前、作业过程中及作业后的隐患识别能力，对识别出的隐患进行风险评估的能力，判断其可能带来的后果和严重程度。

•事故处理：评估按照预案，在发生吊装事故时的应急响应速度和准确性，在事故发生后能否迅速组织人员、资源进行事故处理，减少损失并防止事故扩大。评估时可采用实战演练和桌面演练相结合。

•沟通协调：评估与内外部及相关方沟通协调的能力，与团队成员之间的沟通协调能力，与施工单位、监管单位、业主单位等相关方的沟通协调能力，解决作业过程中的问题和纠纷。

•工作经验：评估吊装管理人员从事吊装作业及相关工作的年限，取得应急管理局等部门的专业证书，在吊装作业中的成功案例和业绩贡献，如完成的大型吊装项目、解决的技术难题等。

表 3-8 为汽车起重机驾驶员操作考试评分表。

表 3-8　汽车起重机驾驶员操作考试评分表

姓名：＿＿＿＿＿＿　　准考证号：＿＿＿＿＿＿　　得分：＿＿＿＿＿

考评人员（签字）：＿＿＿＿＿　　核分员（签字）：＿＿＿＿＿

| 序号 | 考试内容 | 测评要点 | 配分 | 评分标准 | 扣分 | 得分 | 备注 |
|---|---|---|---|---|---|---|---|
| 1 | 准备 | 劳保着装应齐全、规范 | 5 | 劳保着装不规范扣 2 分 | | | |
| | | | | 劳保着装不齐全扣 3 分 | | | |
| 2 | 资质证件的检查 | 1. 吊装操作人员是否持有效的操作证。<br>2. 车辆运行日常表填写是否规范和完整 | 5 | 未检查吊装操作证 3 分 | | | |
| | | | | 未检查车辆运行记录的扣 2 分 | | | |
| 3 | 吊索吊具的检查 | 1. 吊索、吊具应无变形、磨损、断丝、腐蚀的现象。<br>2. 选择吊索具 | 10 | 未检查吊索、吊具扣 10 分 | | | |
| 4 | 起重机的检查及环境的确认 | 1. 起重机各部性能良好符合安全运行条件。<br>2. 起重机力矩限器、超载限制器、高度限位器、三圈保护器、三色灯等装置工作正常。<br>3. 观察四周环境（地面、高空）是否符合吊装条件 | 10 | 未检查起重机各部性能扣 5 分 | | | |
| | | | | 未检查安全防护装置扣 5 分 | | | |
| | | | | 未检查或观察四周环境此项不得分 | | | |
| 5 | 起重机的基本操作 | 1. 水平支腿操作应伸出到位。<br>2. 垂直支腿操作应支撑平稳及牢固。<br>3. 起吊前应检查仪表及各操作手柄正常。<br>4. 吊点选择应合理。<br>5. 起吊时应鸣号。<br>6. 起吊前应进行试吊，起吊作业三点应在一条线上。<br>7. 起吊作业时货物应匀速、平稳。<br>8. 吊装作业时货物不能向外、内倾斜。<br>9. 货物应放在指定区域内 | 65 | 水平支腿操作未伸全扣 10 分 | | | |
| | | | | 垂直支腿操作不平稳扣 5 分 | | | |
| | | | | 未检查仪表和操作手柄扣 5 分 | | | |
| | | | | 吊点选择不合理扣 2 分 | | | |
| | | | | 起吊时未鸣号扣 3 分 | | | |
| | | | | 未进行试吊扣 10 分 | | | |
| | | | | 作业时货物不匀速、平稳扣 5 分 | | | |
| | | | | 作业时货物有倾斜现象扣 10 分 | | | |
| | | | | 作业时三点不在一条线上扣 10 分 | | | |
| | | | | 货物未放在指定区域内扣 5 分 | | | |

续表

| 序号 | 考试内容 | 测评要点 | 配分 | 评分标准 | 扣分 | 得分 | 备注 |
|---|---|---|---|---|---|---|---|
| 6 | 收尾工作 | 按操作规程进行收尾工作 | 5 | 未按操作程序进行收尾扣3分 | | | |
| | | | | 未场地清洁扣2分 | | | |
| 7 | 时间 | 1. 准备时间为5min。<br>2. 规定考试时间30min | | 计时从进入工位至完成操作结束，超时停止操作 | | | |
| 合计分数 | | | 100 | 操作时间：　　　　分钟 | | | |

## 三、作业人员的安全培训

针对石油石化行业吊装作业人员的安全培训，应全面覆盖吊装作业的安全知识、操作技能、应急处理及法律法规等方面。

### （一）明确目标

• 提升安全意识：增强吊装作业人员的安全意识，认识到吊装作业的危险性和安全的重要性。

• 掌握安全知识：熟悉吊装作业的安全操作规程、危险源识别与风险评估方法。

• 提高操作技能：熟练掌握吊装设备的使用、维护和保养技能，确保操作规范、准确。

• 应急处理能力：具备应对吊装作业中突发事故的能力，能够迅速、有效地采取应急措施。

### （二）培训内容

**1. 法律法规与标准规范**

• 相关法律法规：如《中华人民共和国安全生产法》《中华人民共和国特种设备安全法》等，明确吊装作业的法律责任和安全要求。

• 标准规范：包括《起重机械安全规程》《起重机械使用管理规则》等，详细讲解吊装作业的安全标准和技术要求。

**2. 安全操作规程**

• 吊装作业流程：从准备阶段到作业结束，详细介绍每个步骤的安全注意事项。

• 设备检查与维护：强调吊装设备日常检查、定期维护和保养的重要性，确保设备处于良好状态。

•个人防护装备：讲解个人防护装备的选择、使用和维护方法，确保作业人员安全。

3. 危险源识别与风险评估

•危险源识别：教授如何识别吊装作业中的危险源，如设备故障、操作不当、环境因素等。

•风险评估：对识别出的危险源进行风险评估，制订相应的风险控制措施。

4. 应急处理与救援

•应急预案制定：指导制定吊装作业应急预案，明确应急响应流程、救援措施和责任人。

•应急演练：组织应急演练，提高作业人员在紧急情况下的应变能力和协作能力。

5. 实际操作技能

•设备操作：通过模拟操作或实地演练，提高吊装指挥、司索人员、起重操作人员的设备操作技能。

•团队协作：强调吊装作业中的团队协作重要性，如何与其他作业人员有效沟通、协调配合。

（三）培训方式

•课堂培训：采用多媒体教学方式，系统讲解吊装作业的安全知识和操作规程。

•实地演练：组织实地演练活动，让作业人员亲身体验吊装作业流程，掌握实际操作技能。

•案例分析：通过分析吊装作业中的典型事故案例，总结经验教训，提高作业人员的安全意识和防范能力。

•互动讨论：鼓励作业人员积极参与讨论，分享经验、提出问题，促进知识共享和技能提升。

•专项活动：采用"安全工作大家谈""小班组大安全"等安全专项活动，以及在作业前安全会、工具箱会议前开展安全经验分享，提升岗位员工的参与度，提升培训质量。

（四）培训效果评估

·考试考核：通过闭卷考试或实操考核等方式，检验作业人员对培训内容的掌握程度。

·反馈调查：向作业人员发放培训反馈调查表，收集对培训内容、方式等方面的意见和建议。

·持续改进：根据考试考核和反馈调查结果，对培训方案进行持续改进和优化，增强培训效果和质量。

吊装作业人员的安全培训应全面、系统、有针对性地进行，通过多种培训方式和手段提高作业人员的安全意识和操作技能，确保吊装作业的安全顺利进行。

## 四、安全职责

石油石化行业中的吊装作业经常会涉及多家企业、多角色人员之间的配合作业，因此厘清相关单位、人员之间的安全职责有利于协调配合、按照安全职责落实作业过程中的各项管理要求和管理措施。

### （一）作业区域所在单位和作业单位

1. 作业区域所在单位

作业区域所在单位是指按照分级审批原则具备作业许可审批权限的单位，负责作业全过程管理，安全职责主要包括：

（1）组织作业单位、相关方开展风险评估，制订相应的安全措施或者作业方案。

（2）提供现场作业安全条件，向作业单位进行安全技术交底。

（3）审核并监督安全措施或者作业方案的落实。

（4）负责作业相关单位的协调工作。

（5）监督现场作业，发现违章或者异常情况应当立即停止作业，必要时迅速组织撤离。

2. 作业单位

作业单位是指承担作业任务的单位，对作业活动具体负责，安全职责主要包括：

（1）参加作业区域所在单位组织的作业风险评估。

（2）制订并落实作业安全措施或者作业方案。

（3）组织开展作业前安全培训和工作前安全分析。

（4）检查作业现场安全状况，及时纠正违章行为。

（5）当现场不具备安全作业条件时，立即停止作业，并及时报告作业区域所在单位。

## （二）相关现场管理人员

### 1. 作业申请人

吊装作业申请人是吊装作业负责人，对作业活动负管理责任，职责主要包括：

（1）提出申请并办理作业许可证。

（2）参与作业风险评估，组织落实安全措施或者作业方案。

（3）对作业人员进行作业前安全培训和安全技术交底。

（4）指定作业单位监护人，明确监护工作要求。

（5）参与书面审查和现场核查。

（6）参与现场验收、取消和关闭作业许可证。

### 2. 作业批准人

吊装作业批准人是作业区域属地管理单位相关负责人，对作业安全负责，职责主要包括：

（1）组织对作业申请进行书面审查，并核查作业许可审批级别和审批环节与公司管理制度要求的一致性情况。

（2）组织现场核查，核验风险识别及安全措施落实情况，在作业现场完成审批工作。

（3）负责签发、取消和关闭作业许可证。

（4）指定属地监督，明确监督工作要求。

### 3. 属地监督

属地监督是指作业批准人指派的现场监督人员，安全职责主要包括：

（1）熟悉作业区域、部位状况、工作任务和存在风险。

（2）监督检查作业许可相关手续符合性。

（3）监督安全措施落实到位。

（4）核查现场作业设备设施完整性和符合性。

（5）核查作业人员资格符合性。

（6）在作业过程中，按要求实施现场监督。

（7）及时纠正或者制止违章行为，发现异常情况时，要求停止作业并立即报告，危及人员安全时，迅速组织撤离。

### （三）作业相关人员

按照作业职责可划分为吊装指挥人员、司索人员、起重机司机和作业监护人。

#### 1. 吊装指挥人员

（1）接受专业技术培训及考核，持证上岗。

（2）严格执行吊装作业方案或计划。

（3）按照 GB/T 5082—2019《起重机　手势信号》进行吊装作业指挥，清晰、准确地发出指挥信号。

（4）正确吊索或吊具。

（5）正式起吊前应指挥试吊，确认一切正常，方可正式指挥吊装。

（6）及时判断和处理异常情况，发现安全措施落实不完善，有权暂停作业。

（7）严格遵守操作规范，严禁违反十不吊、五个确认等禁令。

#### 2. 司索人员

（1）接受专业技术培训及考核。

（2）测算货物质量与起重机额定起吊质量是否相符，根据货物的质量、体积和形状等情况选择合适的吊具与吊索。

（3）检查吊具、吊索与货物的捆绑或吊挂情况。

（4）听从指挥人员的指挥，及时报告险情。

（5）熟知作业过程中的危害和控制措施。

（6）严格遵守操作规范，严禁违反十不吊、五个确认等禁令。

#### 3. 起重机司机

（1）接受专业技术培训，符合起重专业资质要求。

（2）参与编制并严格执行起重作业计划。

（3）熟练掌握 GB/T 5082—2019《起重机　手势信号》，按指挥信号进行操作。对任何人发出的紧急停车信号，均应立即执行。

（4）熟知作业过程中的危害和控制措施。

（5）定期对起重机进行检查、维护。

（6）严格遵守操作规范，严禁违反十不吊、五个确认等禁令。

### 4. 作业监护人

作业监护人是指在作业现场实施安全监护的人员，由具有生产（作业）实践经验的人员担任，安全职责主要包括：

（1）熟悉作业区域、部位状况、工作任务和存在风险。

（2）对作业实施全过程现场监护。

（3）作业前检查作业许可证，核查作业内容和有效期，确认各项安全措施已得到落实。

（4）确认相关作业人员持有效资格证书上岗，检查现场设备完整性和符合性。

（5）核查作业人员配备和使用的个体防护装备。

（6）检查、监督作业人员的行为和现场安全作业条件，负责作业现场的安全协调与联系。

（7）作业现场不具备安全条件或者出现异常情况，应当及时中止作业，并采取应急处置措施。

（8）及时制止作业人员违章行为，情节严重时，应当收回作业许可证，中止作业。

（9）作业期间，不擅自离开作业现场，不从事与监护无关的事。确需离开，应当收回作业许可证，中止作业。

## 第三节　特种设备管理

随着科技的不断进步和产业结构的持续优化，起重机械的性能、功能与智能化水平也在不断提升，为工业生产提供了强有力的支持。然而，在起重机械广泛应用的同时，其安全管理形势依然严峻。复杂的作业环境、高风险的操作环节及设备本身的潜在安全隐患，都使得安全事故频发，给人民群众的生命财产安全带来了严重威胁，因此，规范起重机械的管理，确保其安全运行，已经成为当务之急。

在《特种设备目录》修订公告（2014年第114号）中，起重机械的范围广泛，涵盖了多种类型，具体包括：额定起重量大于或等于0.5t的升降机；额定起重量大于或等于3t（或额定起重力矩大于或等于40t·m的塔式起重机，或生产率大于或等于 300t/h 的装卸桥），并且提升高度大于或等于 2m 的起重机；以及层数大于或等于 2 层的机械式停车设备。值得注意的是，大部分的起重机械因其潜在的安全风险而被归类为特种设备。本节将从特种设备管理的角度重点概述石油石化行业中常见的起重机械的安全管理内容，确保起重机械在石油石化行业中的安全、高效运行。

## 一、关键管理要素

要实现起重机械的安全管理，必须牢牢把握"三落实、两有证、一检验、一预案、一演练"的关键管理要素。具体来说，就是要确保管理机构到位、责任人员明确、规章制度健全，做到有人管、有人负责、有章可循；同时，要保证特种设备使用登记证、操作人员资格证齐全，确保设备合法使用、人员持证上岗；此外，还要定期进行设备检验，确保安全性能符合要求，制订应急救援预案并定期演练，提升应急响应能力，做到在事故发生时能够迅速、有效地进行处置。

## 二、政府监管与法律法规

### （一）行政体制与职责

在政府监管方面，国家市场监督管理总局负责综合管理特种设备安全监察工作，制定相关政策和标准，指导地方市场监督管理部门开展工作。地方市场监督管理部门则受本级政府和上级部门的双重领导，具体负责本行政区域内的特种设备安全监察工作。

### （二）法律法规体系

我国已经建立了较为完善的特种设备法律法规体系。其中，《中华人民共和国特种设备安全法》作为基本法律，明确了特种设备安全监管体制、责任主体等基本原则和制度。行政法规如《特种设备安全监察条例》，则进一步规定了特种设备设计、制造、安装、改造、修理、使用、检验、检测等各环节的具体要求和处罚措施。此外，还有一系列部门规章和技术规范、技术标准等，为起重机械等特种设备的安全技术提供了具体指导和依据。

## 三、使用单位管理要求

起重机械的使用单位承担着重要的安全管理责任。具体来说，使用单位需要做到以下几点：

（一）设置安全管理机构

对于使用 20 台及以上特种设备的企业，应设立专门的安全管理机构或明确管理部门，并落实安全责任人，负责全面统筹和协调起重机械的安全管理工作。

（二）建立安全管理制度

使用单位应建立健全的安全管理制度，包括操作规程、维修保养制度、检查制度、交接班制度、安全培训制度及应急救援制度等，确保起重机械的安全管理有章可循、有据可依。

（三）落实主体责任

企业主要负责人应对起重机械的使用安全全面负责，并应配备相应的安全总监和安全员，建立日管控、周排查、月调度的安全管理机制，确保起重机械的安全运行。

（四）作业人员管理

使用单位应配备专职的安全管理负责人、安全管理员及持证作业人员，并明确各岗位的职责和权限。同时，还应加强作业人员的培训和教育，提升其操作技能和安全意识，确保他们能够熟练掌握起重机械的操作方法并严格遵守安全操作规程。

（五）加强培训与教育

使用单位应定期组织管理人员和作业人员进行专业培训和教育，内容应包括安全操作规程、法律法规、应急处理等方面。通过培训和教育，提升整体的安全管理水平，增强管理人员和作业人员的安全意识和应对突发事件的能力。

## 四、起重机械使用管理

（一）采购管理

1. 采购原则与流程

起重设备的采购应遵循公平、公正、公开的原则，严格按照企业采购制度和国家相关法律法规执行。采购过程中应对供应商进行资质审查和产品性能评估，确保其具备生产合格起重设备的能力。同时，企业应与供应商签订明确的采购合同，明确双方的权利和义务，保障采购过程的顺利进行。

## 2. 技术资料与验收标准

采购合同中应明确供应商需提供的技术资料和文件清单，包括但不限于设计文件、产品质量合格证明、安装及使用维护保养说明等。起重设备到货后，企业应组织专业人员进行验收，确保其符合合同约定的技术要求和国家相关标准。对于验收不合格的设备应及时处理并做好记录。

### （二）生产管理

#### 1. 生产许可与资质要求

起重设备的生产单位必须取得国家规定的相应许可证书方可从事生产活动。生产过程中应严格遵守国家安全技术规范及相关标准的要求确保产品质量和安全性能符合规定要求。

#### 2. 设计文件与型式试验

起重设备的设计文件应经核准的检验机构鉴定合格后方可用于生产。对于新研制的起重设备或采用新材料、新技术的产品还需通过型式试验进行安全性验证。型式试验应由具有相应资质的检验机构进行确保其结果的准确性和可靠性。

### （三）经营管理

#### 1. 销售与出租

起重设备的销售单位应确保其销售的产品符合国家安全技术规范及相关标准的要求并提供完善的售后服务。出租单位在出租起重设备时应确保设备处于良好状态并符合承租方的使用要求。双方应签订租赁合同明确各自的权利和义务及设备使用过程中的安全责任。

#### 2. 维修保养服务

起重设备的维修保养服务是保障设备正常运行的重要环节。企业应选择具有相应资质的维修保养单位进行设备的定期保养和维修工作。维修保养过程中应严格按照国家安全技术规范和相关标准执行确保设备的安全性能和使用寿命。

### （四）使用管理

#### 1. 使用登记与定期检验

起重设备在投入使用前或使用后三十日内企业应按规定向特种设备安全监督管

理部门办理使用登记手续并取得使用登记证书。使用过程中企业应定期对设备进行检验和维修确保其处于良好状态。对于检验中发现的问题和隐患应及时处理并做好记录以备查考。

### 2. 操作规程与应急演练

企业应制订详细的起重设备操作规程明确设备的操作方法和注意事项，以及紧急情况下的应急处置措施。同时企业应定期组织员工进行应急演练，提高其应对突发事件的能力，确保在紧急情况下能够迅速、有效地采取应对措施，减少损失和影响。

### （五）停用、报废与处置

#### 1. 停用与报废条件

起重设备因故停用或达到报废条件时，企业应按规定办理相关手续并向特种设备安全监督管理部门报告。停用设备应在显著位置设置停用标识并定期进行维护保养，防止设备因长期闲置而损坏或造成安全隐患。报废设备应及时予以报废并注销登记，严禁转让和使用报废设备，以免引发安全事故或造成不必要的损失和影响。

#### 2. 处置方式与环保要求

对于报废的起重设备企业应按照相关法律法规和规定的要求进行处置，确保其符合环保和安全要求。处置过程中应尽量减少对环境的污染和破坏，同时做好相关记录和报告工作，以备查考和追溯责任。

### （六）检验管理

#### 1. 定期检验与日常检查

企业应制订起重设备的定期检验计划并按期向特种设备检验机构提出检验申请。检验机构应按照国家安全技术规范和相关标准对设备进行全面检验，确保其安全性能符合规定要求。同时企业还应定期对起重设备进行日常检查，及时发现并处理潜在的安全隐患和问题确保设备的正常运行和安全使用。

#### 2. 安全附件与保护装置校验

起重设备的安全附件和保护装置是保障设备安全运行的重要组成部分。企业应定期对安全附件和保护装置进行校验，确保其灵敏可靠并符合国家安全技术规范的要求。校验过程中发现的问题和隐患应及时处理并做好相关记录和报告工作，以备查考和追溯责任。

3. 相关检查表

（1）日检：由司机负责作业的例行保养项目，主要内容宜包含外观检查、结构连接部件、钢丝绳及吊具、制动系统、限位开关与保护装置、控制系统与电器元件、液压系统、安全警示标识、周围环境、检查运行测试等。表3-9为起重机械日检表。

表 3-9　起重机械日检表

设备名称：＿＿＿＿＿＿＿＿＿　　　设备编号：＿＿＿＿＿＿＿＿＿

检查日期：＿＿＿＿＿＿＿＿＿　　　检查人员：＿＿＿＿＿＿＿＿＿

| 序号 | 检查项目 | 检查标准 | 检查结果 | 措施 |
|---|---|---|---|---|
| 1 | 外观检查 | 外观无破损，无明显变形，油漆无脱落 | □合格　□不合格 | |
| 2 | 结构连接部件 | 螺栓、销轴等连接紧固，无松动现象 | □合格　□不合格 | |
| 3 | 钢丝绳及吊具 | 钢丝绳无断丝、磨损，吊具无变形、裂纹 | □合格　□不合格 | |
| 4 | 制动系统 | 制动器工作正常，制动片磨损在规定范围内 | □合格　□不合格 | |
| 5 | 限位开关与保护装置 | 各限位开关灵敏可靠，保护装置完好无损 | □合格　□不合格 | |
| 6 | 控制系统与电器元件 | 控制按钮、接触器、继电器等动作正常，无异常声响 | □合格　□不合格 | |
| 7 | 液压系统（如适用） | 液压油位正常，无泄漏，系统工作平稳无异常 | □合格　□不合格 | |
| 8 | 安全警示标识 | 安全警示标识清晰，位置醒目 | □合格　□不合格 | |
| 9 | 周围环境检查 | 作业区域无杂物堆放，通道畅通无阻 | □合格　□不合格 | |
| 10 | 运行测试 | 空载试运行，各机构动作协调，无异常声响 | □合格　□不合格 | |
| … | …… | …… | …… | …… |

检查总结：

处理意见：

1. 对于检查中发现的不合格项，请立即采取措施进行整改，并记录在案。

2. 如设备存在严重安全隐患，应立即停止使用，并上报相关部门处理。

检查人员签字：＿＿＿＿＿＿＿＿＿　　　审核人员签字：＿＿＿＿＿＿＿＿＿

（2）周检：由维修工和司机共同进行，除日检项目外，主要内容是外观检查，检查吊钩、取物装置、钢丝绳等使用的安全状态、制动器、离合器、紧急报警装置的灵敏、可靠性，通过运行观测传动部件有无异常响声，及过热现象。表3-10为起重机械周检表。

## 表 3-10　起重机械周检表

设备名称：＿＿＿＿＿＿＿＿＿＿＿　　　　设备编号：＿＿＿＿＿＿＿＿＿＿＿

检查日期：＿＿＿＿＿＿＿＿＿＿＿　　　　检查人员：＿＿＿＿＿＿＿＿＿＿＿

| 序号 | 检查项目 | 检查标准 / 内容 | 检查结果 | 措施 |
|---|---|---|---|---|
| 1 | 外观检查 | 外观整洁，无明显破损、变形，油漆无严重脱落 | □ 合格　□ 不合格 | |
| 2 | 吊钩检查 | 吊钩无裂纹、变形，转动灵活，防脱钩装置完好 | □ 合格　□ 不合格 | |
| 3 | 取物装置检查 | 取物装置结构完整，无裂纹、变形，连接牢固 | □ 合格　□ 不合格 | |
| 4 | 钢丝绳检查 | 钢丝绳无断丝、锈蚀、磨损超标，排列整齐，无跳槽现象 | □ 合格　□ 不合格 | |
| 5 | 制动器检查 | 制动器工作可靠，制动片磨损在允许范围内，制动间隙合适 | □ 合格　□ 不合格 | |
| 6 | 离合器检查 | 离合器结合平稳，分离彻底，无打滑、过热现象 | □ 合格　□ 不合格 | |
| 7 | 紧急报警装置检查 | 紧急报警装置灵敏可靠，声音响亮，能有效警示周围人员 | □ 合格　□ 不合格 | |
| 8 | 传动部件运行观测 | 传动部件（如齿轮、轴承等）运行平稳，无异常响声及过热现象 | □ 合格　□ 不合格 | |
| 9 | 控制系统与电器元件检查 | 控制按钮、接触器、继电器等电器元件工作正常，无异常显示 | □ 合格　□ 不合格 | |
| 10 | 安全保护装置检查 | 所有安全保护装置（如超载限制器、力矩限制器等）功能正常 | □ 合格　□ 不合格 | |
| 11 | 液压 / 气动系统检查（如适用） | 系统无泄漏，压力稳定，元件无异常磨损或损坏 | □ 合格　□ 不合格 | |
| 12 | 周围环境与安全标识检查 | 作业区域整洁，无杂物堆放，安全标识清晰，位置醒目 | □ 合格　□ 不合格 | |
| ... | ...... | ...... | ...... | |

检查总结：

处理意见：

1. 对于检查中发现的不合格项，请详细记录并立即采取措施进行整改。

2. 若存在可能影响设备安全运行的问题，应立即停止使用相关设备，并上报相关部门处理。

检查人员签字：＿＿＿＿＿＿＿＿＿＿＿　　　　审核人员签字：＿＿＿＿＿＿＿＿＿＿＿

（3）月检：由设备安全管理部门组织检查、同使用部门有关人员共同进行，除周检内容外，主要对起重机械的动力系统、起升机构、回转机构、运行机构、液压系统进行状态检测，更换磨损、变形、裂纹、腐蚀的零部件，对电气控制系统，检查馈电装置、控制器、过载保护、安全保护装置是否可靠。通过测试运行检查起重机械的泄漏、压力、温度、振动、噪声等原因引起的故障征兆。经观测对起重机的结构、支承、传动部位进行状态下主观检测，了解掌握起重机整机技术状态，检查确定异常现象的故障源。表3-11为起重机械月检表。

（4）年检：依托地方部门或专业机构实施年检，主要对起重机械进行技术参数检测，可靠性试验，通过检测仪器，对起重机械，各工作机构运动部件的磨损、金属结构的焊缝、测试探伤，通过安全装置及部件的试验，对起重设备运行技术状况进行评价，根据检查结果安排修理、改造或更新。

表 3-11　起重机械月检表

设备名称：＿＿＿＿＿＿＿＿＿＿　　　　设备编号：＿＿＿＿＿＿＿＿＿＿
检查日期：＿＿＿＿＿＿＿＿＿＿　　　　检查人员：＿＿＿＿＿＿＿＿＿＿

| 序号 | 检查项目 | 检查内容/标准 | 检查结果 | 措施 |
|---|---|---|---|---|
| 1 | 动力系统状态检测 | 发动机/电机运行状况，油量、冷却液液位、异常声响检查 | □合格　□不合格 | |
| 2 | 起升机构检查 | 钢丝绳、滑轮组、卷筒磨损情况，制动器性能，减速器油位 | □合格　□不合格 | |
| 3 | 回转机构检查 | 回转支承、齿轮啮合情况，回转制动器性能，油位检查 | □合格　□不合格 | |
| 4 | 运行机构检查 | 车轮、轨道磨损情况，驱动装置运行状态，制动系统检查 | □合格　□不合格 | |
| 5 | 液压系统状态检测 | 液压油清洁度、油位、泵、阀工作状态，泄漏检查 | □合格　□不合格 | |
| 6 | 磨损、变形、裂纹、腐蚀检查 | 关键部件磨损、变形、裂纹、腐蚀情况，必要时更换或修复 | □完成　□未完成 | |
| 7 | 电气控制系统检查 | 馈电装置、控制器、过载保护、安全保护装置功能检查 | □合格　□不合格 | |
| 8 | 测试运行与故障征兆检查 | 泄漏、压力异常、温度过高、振动过大、噪声超标等故障征兆 | □无异常　□有异常（详细描述） | |

续表

| 序号 | 检查项目 | 检查内容/标准 | 检查结果 | 措施 |
|---|---|---|---|---|
| 9 | 整机结构、支承、传动部位观测 | 结构完整性，支承稳固性，传动部件运行平稳性检查 | □ 正常 □ 异常（详细描述） | |
| 10 | 整机技术状态评估 | 综合评估起重机整机技术状态，确定是否需要进一步检修或调整 | □ 良好 □ 需关注（详细描述） | |
| ... | ...... | ...... | ...... | ...... |

特别检查项目：

检查总结：

请在此处总结本次月检的主要发现，包括任何潜在问题、已采取的措施及未来需关注的重点。

处理意见：

1. 对于检查中发现的问题，请详细记录并在备注栏中注明已采取或建议采取的处理措施。

2. 如发现任何可能影响设备安全运行的情况，应立即停止使用相关设备，并上报相关部门处理。

3. 根据检查结果，制订或调整维护计划，确保起重机械长期稳定运行。

检查人员签字：_____        审核人员签字：_____

## 五、起重机械安全技术档案管理

起重机械档案管理是企业设备管理的重要组成部分，它涉及起重机械的采购、安装、使用、维护、检验、报废等各个环节。为了确保起重机械的安全运行，降低事故发生的风险，使用单位应当按照 TSG 08—2017《特种设备使用管理规则》规定，逐台建立并保存起重机械安全技术档案，并进行规范化、科学化的管理。

### （一）起重机械档案的组成

起重机械档案应全面、系统地反映设备的全生命周期，包括以下几个关键方面：

• 原始资料：涵盖起重机械设计图纸、产品质量证明书、产品合格证等出厂文件，以及购销合同、验收报告、安装及使用维护保养说明等相关技术资料和文件。这些资料是设备的基础信息，对于了解设备的性能、参数和安装使用情况至关重要。

• 使用维护记录：包括日常检查记录、维修保养记录、故障排除记录及检验报告等。这些记录能够实时反映设备的使用状况和维护情况，是判断设备是否处于良好状态的重要依据。

• 安全技术资料：包括安全操作规程、事故应急预案、安全培训记录等。这些资料是确保设备安全运行的重要保障，能够为操作人员提供明确的操作指导和应急处理措施。

• 检验检测资料：包括定期检验报告、特种设备登记证、使用登记证等。这些资料是设备合法使用和安全性能的证明，对于确保设备的合规性和安全性具有重要意义。

• 其他相关资料：如使用说明书、配件手册、技术改造记录等，这些资料能够为设备的维护和使用提供额外的支持和参考。

## （二）起重机械档案的管理原则

为了确保起重机械档案的有效性和可用性，应遵循以下管理原则：

• 完整性：档案内容应齐全，不得有缺项、漏项，确保能够全面反映设备的全生命周期。

• 真实性：档案记录应如实反映起重机械的实际情况，不得虚假、伪造，确保信息的准确性和可靠性。

• 及时性：对起重机械的动态信息要及时更新，确保档案信息的实时性，以便随时了解设备的最新状况。

• 规范性：档案管理要遵循国家相关法律法规和标准，确保管理行为的规范性，提高档案管理的专业性和权威性。

• 可追溯性：档案应记录起重机械从采购到报废的全过程信息，便于追溯和查询，为设备的全生命周期管理提供有力支持。

## （三）起重机械安全技术档案的管理实践

为了有效管理起重机械安全技术档案，以下是一些建议的实践措施：

• 设立专门的档案管理部门，明确职责和权限，确保档案管理的专业性和责任性。

• 制定完善的档案管理制度，包括档案的收集、整理、保管、利用等方面，确保档案的规范化管理。

• 建立档案信息化管理系统，利用现代信息技术提高档案管理的效率和便捷性，实现档案的电子化和网络化管理。

• 加强对档案管理人员的培训和考核，提高其档案管理水平和质量，确保档案管理的专业性和有效性。

·定期对起重机械进行检查、维修、保养，并将相关信息及时记录到档案中，确保机械性能良好，降低事故风险。同时，利用档案数据对设备的使用和维护情况进行分析和评估，为设备的优化管理提供有力支持。

## 六、安全责任保险

起重机械安全责任险的重要性和作用确实不容忽视。在工程施工、物流运输等领域，起重机械作为重要的设备，其安全性直接关系到人员生命财产安全和环境的保护。以下是关于起重机械安全责任险的详细分析。

### （一）起重机械安全责任险的重要性

·提高施工现场安全管理水平：引入起重机械安全责任险促使施工单位更加重视安全生产，因为保险赔偿的前提往往要求被保险人已经采取了一定的安全措施。保险公司可能提供风险管理建议，帮助施工单位改善安全管理流程。

·保障受害者权益：在起重机械安全事故中，受害者往往面临严重的身体伤害和财产损失。保险公司的及时赔偿可以为受害者提供必要的经济补偿，减轻其经济负担，并有助于其恢复生活。

·降低企业风险：企业通过购买起重机械安全责任险，可以将因安全事故导致的经济赔偿责任转移给保险公司。这有助于减轻企业在发生安全事故时的经济压力，保障其正常运营。

·促进安全生产：保险公司通常会提供保费优惠给那些安全管理水平高、安全事故少的企业。这种机制激励企业加强安全生产管理，降低安全事故的发生概率。

### （二）起重机械安全责任险的作用

·风险管理工具：起重机械安全责任险为企业提供了一种有效的风险管理手段，帮助企业应对可能的安全事故风险。通过购买保险，企业可以在一定程度上预测和控制因安全事故导致的经济损失。

·营造安全环境：保险的引入促使企业更加注重起重机械的安全使用和管理。企业会加强员工培训、定期维护设备、完善操作规程等，以预防安全事故的发生。

·增强社会责任感：企业通过购买起重机械安全责任险，展示了其对社会责任的承担。在发生安全事故时，企业能够及时赔偿受害者，维护社会稳定和谐。

起重机械安全责任险在保障施工现场安全、保障受害者权益、降低企业风险及促进安全生产等方面都发挥着重要作用。企业应充分认识到其重要性，合理购买并及时理赔，以降低安全事故对企业的影响。同时，企业还应加强安全管理，预防安全事故的发生，共同营造一个安全、和谐的施工环境。

## 第四节 吊装作业过程管理

### 一、安全技术交底

在吊装作业的管理流程中，安全技术交底占据着举足轻重的地位。这一环节通常由吊装方案的编制者或现场吊装作业的负责人来执行，他们需要将吊装方案的意图、作业流程及需要注意的关键问题，全面、清晰地传达给项目部所有参与吊装作业的施工人员及相关人员。为了确保信息的准确传递，项目部吊装技术人员会遵循技术交底的程序，逐级向下传达，直至每一位作业人员都能深刻理解并掌握吊装方案的相关内容。

安全技术交底的核心目的在于通过全面、详细的交底，确保所有参与吊装工程施工的人员都能对工程概况、施工计划、安全措施等关键信息有清晰、准确的认识。这样，施工人员就能在施工过程中做到心中有数，从而确保施工的安全顺利进行。

（一）安全技术交底的核心内容

安全技术交底的内容应当全面而详尽，具体涵盖以下几个方面：

1. 吊装工程基本信息

包含工程名称、时间、地点等基本信息。被吊设备的相关参数，如重量、尺寸、形状等。工器具的具体配置及其作用，确保施工人员了解并使用正确的工具。

2. 具体施工计划

工期安排，包括各个阶段的时间节点。配备的施工机械及其性能参数。

3. 安装工艺过程

包括各个步骤的顺序和要点。技术要求，确保施工人员了解并满足相关技术标准。人员配备，包括各个岗位的职责和要求。对使用的工器具的具体要求，如使用前的检查、使用过程中的注意事项等。

## 4. 安全保障要求

防火措施，包括防火设备的配备和使用要求。防坠落措施，如安全带、安全网的使用等。消防设施的配备要求，确保在紧急情况下能够迅速应对。个人防护装备的使用要求，如安全帽、安全鞋等。

## 5. 风险管理与应急措施

指出吊装作业中的主要控制点和风险点，确保施工人员了解并关注这些关键点。制订相应的应急措施，包括紧急情况下的疏散路线、救援措施等，以应对可能发生的突发情况。

## （二）安全技术交底的记录

安全技术交底记录见表3-12。

表3-12　安全技术交底的记录表

| _____项目 | 安全技术交底记录 | 文件编号： |
| --- | --- | --- |
| | | 表格编号： |
| 单项工程名称 | | 单项工程编号 | |
| 交底时间 | | 交底地点 | |
| 参加单位及人员 | | | |

| 交底主要内容： |
| --- |
| <br>…… <br><br>　　　　　　　　　1. 主要执行标准<br><br>　　　　　　　　　2. 项目概况<br>　　　　　　　　　2.1 工程概况<br>…… <br><br>　　　　　　　　　2.2 吊装参数<br>…… <br><br>　　　　　　　　　3. 质量管理措施<br>…… <br><br>　　　　　　　　　4.HSE 管理措施<br>…… |
| 交底单位及交底人：<br><br>　　　　　　　　　　　　　　　　　　　　年　　月　　日 |

通过全面而详细的安全技术交底，可以确保所有参与吊装工程施工的人员都对工程的关键信息有清晰的认识，从而提高施工的安全性和效率。

### 二、作业前安全检查

起重吊装工作颇为复杂，吊装过程受作业环境、生产条件、起重设备状况、作业人员技能等多方面影响，需要多方协作和配合，作业过程安全风险较高，在吊装前应加强安全检查，及时纠正偏离标准、规范、方案的行为和状态。

#### （一）起重司机需要检查和确认的主要事项

**1. 钢丝绳及卷筒**

（1）钢丝绳应无扭结、死角、硬弯、塑性变形、麻芯脱出等严重变形，润滑状况良好，钢丝绳整齐排列在钢丝绳卷筒上，吊钩降到最低位置时，余留在卷筒上的钢丝绳不少于 3 圈，钢丝绳尾端的固定可靠，固定装置有放松和自紧性能。

（2）卷筒、轴和卷筒毂不得有裂纹，与卷筒结应紧固，不得松动，卷筒转动灵活，无阻滞及异常声响，卷筒壁磨损、绳槽磨损不超过标准要求。

**2. 滑轮**

（1）滑轮转动灵活、光洁平滑无裂纹，轮缘部分无缺损、无损伤钢丝绳的缺陷。

（2）轮槽、轮槽壁厚磨损不超过标准要求，滑轮护罩应安装牢固，无损坏或明显变形。

**3. 吊钩**

（1）吊钩表面应光洁，无裂纹、开口、锐角、毛刺、明显变形或磨损超标等缺陷。

（2）吊钩应转动灵活，固定螺母的定位螺栓、开口销等必须紧固完好，防脱钩的保险装置性能完好。

**4. 设备外观**

（1）电气设备不沾染润滑油、润滑脂、水或灰尘。

（2）设备有关的台面和（或）部件，无润滑油和冷却剂等液体的洒落。

（3）照明灯、挡风屏雨刷和清洗装置正常使用。

（4）轮胎、履带或行走机构的状况良好。

**5. 控制、动力系统**

（1）燃油动力设备部应检查发电机运转无异常，电力动力设备检查配电系统和接地装置符合安全要求。

（2）空载时检查起重机械所有控制系统处于正常状态。

（3）检查各气动控制系统中的气压处于正常状态。

（4）在开动起重机械之前，检查制动器和离合器的功能正常。

（5）液压系统和气压系统软管在正常工作情况下没有非正常弯曲和磨损。

（6）液压系统的液压油位正常无泄漏。

6. 安全装置及设施

（1）所有的限制装置或保险装置及固定手柄或操纵杆的操作状态灵敏、可靠。

（2）超载限制器的功能正常，具有幅度指示功能的超载限制器，应检查幅度指示值与臂架实际幅度的符合性。

（3）检查所有听觉、视觉报警装置正常工作。

（4）制动器动作灵活、可靠，调整应松紧适度，无裂纹，弹簧无塑性变形。

（5）各类防护罩、盖、栏、护板等完备可靠无缺陷。

（6）安全标志明显，消防器材配备齐全。

7. 其他检查

（1）吊装工作前，还应根据吊装设备的结构和特点，对吊装设备金属结构和安全装置工作性能进行检查，如：钢丝绳上升极限位置限制器、力矩限制器、运行极限位置限制器、起重量限制器等。

（2）进入石油石化作业现场的起重机械设备宜安装具备数据回传功能的技防监控设备，且入场时处于完好状态，通信畅通。

（3）风力不大于6级，自然天气符合吊装的要求。

（二）起重指挥人员需要检查和确认的主要事项

1. 吊索具

（1）钢丝绳、吊带、卸扣必须有制造单位的合格证明文件，附有安全检查合格标签、标志。

（2）钢丝绳吊索外观无明显腐蚀、扭曲、挤压现象，局部断丝、损伤不超过规范要求。

（3）吊装带不打结，无明显磨损、穿孔、切口、撕断及其他禁止使用的特征。

（4）吊物重量不超过吊索具额定承载重量。

（5）卸扣的扣体和插销，无严重磨损、变形和疲劳裂纹，轴销正确装配后，扣体内宽无明显减少，轴销转动自如，螺纹连接良好。

（6）吊装施工中使用的卸扣应按额定负荷标记选用，不超载使用，不使用无标记的卸扣。

（7）吊梁应有明显的载荷标志，不超载使用，起重机与吊梁的连接可靠。

**2. 作业环境**

（1）吊车回转平台中心位于吊装作业方案最大作业半径内。

（2）地面夯实、平整，大型履带吊路基板铺设平整，无明显沉降。

（3）吊物的吊装路径应当避开油气生产设备、管道。

（4）起重机与周围设施的安全距离不应小于 0.5m。

（5）在沟（坑）边作业时，起重机临边侧支腿或者履带等承重构件的外缘应当与沟（坑）保持不小于其深度 1.2 倍的安全距离，且起重机作业区域的地耐力满足吊装要求。

（6）不应靠近输电线路进行吊装作业，确需在输电线路附近作业时，应编制专项方案，起重机械的安全距离应当大于起重机械的倒塌半径。

**3. 吊物绑扎牢固**

（1）吊物捆绑紧固，吊挂平衡，索具整齐不打结，吊索与重物之间无其他障碍。

（2）卸扣自然锁紧，受力方向正确。

（3）吊梁与下部索具连接应正确，且索具与吊梁应相匹配。

（4）棱角吊物与吊索具设置衬垫。

（5）被吊重物、设备附件连接紧固，无浮置物。

**4. 信号和通信工具**

（1）指挥信号旗颜色鲜艳，哨声响亮，易于辨识。

（2）使用对讲机指挥时，应保持对讲机电量充足，通话清晰。

**5. 其他检查**

（1）使用汽车吊等设备进行吊装时，吊车支腿应全部展开，支腿垫板与支腿底盘充分，支腿垫板面积不小于支腿底盘的 3 倍。

（2）吊装时使用到其他辅助设备设施，应检查设备设施性能完好。

（3）设置锚点和缆风绳的，还应对其松紧程度进行检查。

### （三）吊装管理人员需要检查和确认的主要事项

大型设备吊装前，吊装管理人员需要对吊装及准备情况进行全面检查，保障吊装过程技术安全。

**1. 地基状况检查**

（1）吊装场地地面平整无积水，吊车站位、行走路线地面夯实。

（2）大型设备吊装有换填要求的，已按方案换填压实，地耐力试验检测结果满足安全要求。

（3）吊车本体及臂杆在转向、行走时无障碍物。

**2. 吊装设备及吊索具检查**

（1）吊装设备型号、结构、功能与吊装方案中选取的保持一致。

（2）吊索具、吊梁等与吊装方案中选取的保持一致。

**3. 吊耳及吊装点的检查**

（1）被吊物本体设计附带吊装点，优先选用设备本体吊装点进行吊装。

（2）大型设备吊装前，应根据厂家提供的吊耳设计图对吊耳实际尺寸、位置、材质进行检查。现场焊接的吊耳，还应对焊接质量进行检查，其与设备连接的焊接部位应作表面渗透检测。

（3）吊耳的管轴外表面圆整光滑，与钢丝绳的接触面之间加注润滑脂。

（4）吊耳管上的钢丝绳排列应整齐有序，不得相互挤压，并保持各股钢丝绳受力均。

（5）对于采取捆绑、兜吊等方式进行吊装的，吊装前技术人员还应对吊装点进行检查，保持与吊装方案一致。

**4. 其他检查**

（1）随设备一起吊装的管线、钢结构及设备内件的安装牢固。

（2）吊装作业空间范围内无障碍物。

### （四）吊装监护人员需要检查和确认的主要事项

起重施工准备工作完成后，施工单位监护人员应组织检查，重大等级的起重作业还应有监理（督）及总承包单位参加。检查主要内容包括：

1.吊装设备、设施

（1）起重机械备案登记录及检验合格证明文件。

（2）吊索具质量证明文件。

（3）吊耳及自制的专用吊具，相应的设计文件和质量证明文件。

（4）设备内、外部易坠落物的固定、清理。

2.作业人员检查

（1）设备操作人员、起重指挥人员应持有效操作证。

（2）设备操作人员、指挥及施工人员已经熟悉其工作内容。

3.安全交底

（1）起重作业技术方案及技术交底记录。

（2）吊装人员、施工人员及辅助人员明确起重施工技术方案的要求、本岗位的工作内容、作业风险及消减控制措施。

4.施工及吊装作业条件

（1）隐蔽工程（如地基处理、地锚、桅杆地基等）处理、埋设及自检记录。

（2）工件的基础，地脚螺栓的质量、位置符合工程要求，并经过检查验收。

（3）起重机械、吊索具选用和布置、吊点设置符合起重作业技术方案。

（4）妨碍吊装工作的障碍物都已妥善处理，吊装作业范围内无障碍物，施工场地坚实平整，符合施工技术方案中的要求。

（5）备用工具、材料准备齐全，工件摆放到位。

（6）工件的检查、试验及吊装前应进行的工作都已完成。

（7）吊装作业使用的溜绳已系紧，长度和数量满足要求。

5.其他检查

（1）作业许可已审批，作业许可要求的安全措施已得到落实。

（2）起重指挥人员附近无障碍物，不存在被挤压、绊倒等风险。

（3）吊车及吊装区域应使用护栏警戒，条件限制时使用警戒线，设置安全警示标志牌，配备专职作业监护人。

（4）吊装区域内其他无关人员已停止工作，并离开警戒区域。

（5）应急预案已批准和培训，应急物资配备齐全。

## 三、作业许可管理

（一）作业许可定义与范围

定义：作业许可是指为确保作业安全，必须取得相应授权许可后方可进行的作业管理制度。

范围：临时性、移动式的吊装作业应严格办理作业许可。常规固定作业场所的吊装作业，若已制定操作规程或操作卡，可不办理作业许可，但必须进行风险分析，并确保安全措施可靠实施。

（二）吊装作业许可管理要求

1. 起重机械要求

起重机械需具备：产品合格证及安全使用、维护、保养说明书。齐全的安全和防护装置，如力矩限制器、高度限位器等。生产厂家或改造、安装、维修单位应持有政府主管部门颁发的相关资质。关键位置（如吊臂顶端、操作室内部等）宜安装视频监控设施，视频存储记录不少于 120h，保存时间不少于 1 个月。

2. 安全距离要求

吊装作业的安全距离应满足：吊物路径避开油气生产设备、管道。起重机与周围设施安全距离不小于 0.5m。沟（坑）边作业时，起重机承重构件外缘与沟（坑）的安全距离不小于其深度的 1.2 倍。避免在输电线路附近作业，如需作业应确保安全距离符合规程要求，必要时停电作业。

3. 人员配置要求

石油石化行业常见每台起重机械作业时配置至少 1 名指挥人员、2 名司索人员和 1 名安全监管人员。在大型吊装、交叉作业等危险作业时，可增加吊装作业人员，如某钻探公司在钻机拆、搬、安期间一个作业面配置"7 人"，即 1 名吊车司机、1 名吊装指挥人员、1 名安全监管人员、4 名司索人员，其中安全监管人员一般为现场安全监督、基层队站值班干部或现场把关人员。

（三）作业许可流程

1. 工作前安全分析

作业前，由属地管理单位组织作业单位及相关方，对作业可能存在的危险有害因素进行辨识，并开展工作前安全分析。

**2. 制订安全措施**

针对辨识出的危害因素，制订相应安全措施。特定情况下需编制吊装作业方案，包括但不限于作业概况、受力计算、风险分析及应急预案等。

**3. 作业许可申请**

作业单位检查人员、机械、安全装置等，确保作业条件具备，组织落实安全措施后，提出作业申请。

**4. 作业许可批准**

批准人进行书面审查和现场核查，通过后签字批准作业许可证。审批原则上不允许授权，特殊情况需授权时，应确保被授权人具备相应风险管控能力。

**5. 作业许可实施**

作业人员严格按许可证和方案作业，安全措施未落实时有权拒绝作业。作业中出现异常应立即停止作业并报告。

**6. 作业许可的取消与关闭**

• 取消：发生环境、条件、工艺变化等不安全情况时，应立即中止作业，取消许可证。

• 关闭：作业完成或许可证时效过期时，清理现场、恢复原状、进行验收，确认无隐患后关闭作业许可。吊装作业许可证的具体内容见表3-13。

表3-13 吊装作业许可证

编号：

| 申请单位 | | 作业申请时间 | 年 月 日 时 分 |
|---|---|---|---|
| 作业区域属地管理单位 | | 属地监督 | |
| 申请人 | | 监护人 | |
| 作业地点 | | 作业内容 | |
| 作业人 | | | |
| 关联的其他特殊、非常规作业许可证及编号 | | | |
| 吊装指挥及操作证<br>（证号） | | 起重机械操作人员及操作证<br>（证号） | |

续表

| 起重机械名称（有车牌号或其他编号的须注明） | | | | |
|---|---|---|---|---|
| 吊物内容 | | 吊物质量，t | | |
| 作业内容（说明是否附图等） | | | | |
| 作业等级 | □ 一级　　　□ 二级　　　□ 三级 | | | |
| 是否编制方案　　是□　　否□ | | | | |
| 作业时间 | 自　　年　月　日　时　分始，至　　年　月　日　时　分止 | | | |

存在的风险：
□ 爆炸　□ 火灾　□ 灼伤　□ 烫伤　□ 机械伤害　□ 中毒　□ 辐射　□ 触电　□ 泄漏
□ 窒息　□ 坠落　□ 落物　□ 掩埋　□ 物体打击　□ 噪声　□ 坍塌　□ 淹溺　□ 其他：

| 序号 | 安全措施 | 是画"√"否画"×" | 确认人 |
|---|---|---|---|
| 1 | 涉及下述情况的吊装作业已编制作业方案，并已经审查批准：一、二级吊装作业；吊装物体质量虽不足 40t，但形状复杂、刚度小、长径比大、精密贵重；作业条件特殊的三级吊装作业；环境温度低于 −20℃的吊装作业；其他吊装作业环境、起重机械、吊物等情况较复杂的情况 | | |
| 2 | 吊装区域影响范围内如有含危险物料的设备、管道时，已制订含相应防控措施的详细吊装方案，必要时停车，放空物料，置换后再进行吊装作业 | | |
| 3 | 吊装作业人员持有有效的法定资格证书，已按规定佩戴个体防护装备 | | |
| 4 | 已对起重吊装设备、钢丝绳（吊带）、揽风绳、链条、吊钩等各种机具进行检查，安全可靠 | | |
| 5 | 已明确各自分工、坚守岗位，并统一规定联络信号 | | |
| 6 | 将建筑物、构筑物作为锚点，应经所属单位工程管理部门审查核算并批准 | | |
| 7 | 吊物的吊装路径应避开油气生产设备、管道 | | |
| 8 | 起重机与周围设施的安全距离不应小于 0.5m | | |
| 9 | 在沟（坑）边作业时，起重机临边侧支腿或履带等承重构件的外缘应与沟（坑）保持不小于其深度 1.2 倍的安全距离，且起重机作业位区域的地耐力满足吊装要求 | | |
| 10 | 起重机械的安全距离应大于起重机械的倒塌半径，吊装绳索、缆风绳、拖拉绳等不应与带电线路接触，并保持安全距离。不能满足时，应停电后再进行作业 | | |
| 11 | 不应利用管道、管架、电杆、机电设备等作吊装锚点 | | |

续表

| 序号 | 安全措施 | 是画"√"<br>否画"×" | 确认人 |
|---|---|---|---|
| 12 | 起重机械安全装置灵活好用 | | |
| 13 | 有侧支腿及支垫的起重机械，吊装作业前经检查支腿及支垫牢靠 | | |
| 14 | 吊物捆扎牢固，未见绳打结、绳不齐现象，棱角吊物已采取衬垫措施 | | |
| 15 | 地下通信电（光）缆、局域网电（光）缆、排水沟的盖板、承重吊装机械的负重量已确认，保护措施已落实 | | |
| 16 | 起吊物的质量（t）经确认，在吊装机械的承重范围内 | | |
| 17 | 在吊装高度的管线、电缆桥架已做好防护措施 | | |
| 18 | 作业现场围栏、警戒线、警告牌、夜间警示灯已按要求设置 | | |
| 19 | 作业高度和转臂范围内无架空线路 | | |
| 20 | 在爆炸危险场所内的作业，机动车排气管已装阻火器 | | |
| 21 | 露天作业，环境风力满足作业安全要求 | | |
| 22 | 其他相关特殊作业已办理相应安全作业许可证 | | |
| 23 | 其他安全措施：<br>编制人（签字）： | | |

如需采取栏中所列措施画"√"，不需采取的措施画"×"，如栏内所列措施不能满足时，可在空格处填写其他风险削减措施。

| 安全技术交底人<br>（签字） | | 接受交底人<br>（签字） | |
|---|---|---|---|
| 作业方申请 | 本人已组织相关作业人员进行了工作安全分析，并在作业过程中负责落实各项风险削减措施，在作业结束时通知属地单位负责人。<br><br>作业申请人（签字）：　　　　　　　　　吊装指挥（签字）：<br>起重机操作人员（签字）：<br><br>　　　　　年　月　日　时　分　　　　　年　月　日　时　分 | | |
| 作业监护监督 | 本人已阅读许可证并且确认所有条件都满足，并承诺坚守现场。<br>监护人（签字）：　　　　　　　　　　　　年　月　日　时　分<br>属地监督（签字）：　　　　　　　　　　　年　月　日　时　分 | | |
| 批准 | 我已经审核过本许可证的相关文件，并确认符合公司作业安全管理规定的要求，同时我与相关人员一同检查过现场并同意作业方案，因此，我同意作业。<br><br>作业批准人（签字）：　　　　　　　　　　年　月　日　时　分 | | |

续表

| 相关方 | 本人确认收到许可证，了解该作业项目的安全管理要求及对本单位的影响，将安排相关人员对此项目给予关注，并和相关各方保持联系。 | | |
|---|---|---|---|
| | 单位：　　　确认人（签字）：　　　　　　　　年 月 日 时 分 | | |
| 取消关闭 | □ 许可证到期，同意关闭。<br>□ 许可证取消，同意关闭。<br>□ 工作完成，已经确认现场没有遗留任何隐患，并已恢复到正常状态，同意许可证关闭。<br>作业结束时间：<br><br>年 月 日 时 分 | 作业申请人（签字）：<br><br><br><br>年 月 日 时 分 | 批准人（签字）：<br><br><br><br>年 月 日 时 分 |

备注：1. 作业许可证应编号，纸质版一式三联，第一联由监护人持有，第二联由作业人员持有，第三联保留在作业批准人处。作业许可证应规范填写，不得涂改，不得代签。

2. 此表格中不涉及的，用斜划线"/"划除。

## 四、吊装作业过程管控

通过上述措施的实施，可以确保吊装作业前的人员和设备准备充分，为吊装作业的顺利进行提供有力保障。

### （一）吊装作业前准备

在作业做好人员准备工作至关重要，宜落实好持证上岗、健康管理、个人防护等重点工作，应熟悉设备与规程。

作业人员应持证上岗，参与吊装作业的起重指挥、起重机司机等特殊工种必须持有有效证件上岗，司索人员应经过培训合格后上岗。无证或证件过期人员严禁参与吊装作业，以确保作业的专业性和安全性。作业人员应健康检查，检查参与吊装作业人员的身体健康状况，确保人员健康无异常，防止因身体不适导致的安全事故。作业人员应做好个人防护，参与吊装的人员应正确佩戴性能良好的个人劳保防护用品，如安全帽、工作服、劳保鞋和手套。对于涉及高处作业的，还需穿戴安全带，并配备工具包或安全绳等防坠落措施，以保障作业人员的安全。

作业人员应熟悉设备与规程。参与吊装作业的人员必须熟悉所操作设备的性能，知晓操作规程，了解指挥信号，明确岗位分工和职责。同时，牢记安全管理要求，熟知应急措施，以应对可能的突发情况。编制方案的技术人员需对参与吊装作业的管理人员、作业人员进行详细的安全技术交底。交底内容应至少包括设备吊装顺序、吊装方案和吊装工艺、吊装作业工序及要点、安全技术措施等几个方面，确保每位作业人员都明确自己的任务和安全注意事项。

### （二）吊装设备、吊索具的准备

在作业前做好设备工具准备工作同等重要。在石油石化行业，通常会对通信设备和吊索具进行重点检查。

#### 1. 通信设备检查

起重指挥和起重机司机需提前进行信号交流，确保通信设备能正常使用，指挥信号通畅，这是确保吊装作业顺利进行的重要前提。

#### 2. 吊索具检查

检查拟用的吊索具的质量证明文件，确认其规格、尺寸和技术性能参数满足吊装作业要求。对于无质量证明文件或实验不合格的吊索具，严禁使用。同时，对于标识不清的滑轮、卸扣、绳卡等部件也应拒绝使用。对于麻芯挤出、严重扭曲变形、断丝超过标准的钢丝绳及无规格型号标识、磨损严重、外力灼烧或腐蚀严重的吊装带，同样严禁使用。

### （三）试吊检查

在正式执行吊装作业之前，为确保吊装过程的安全与顺利，必须进行试吊检查。试吊旨在通过初步提升工件至一定高度，全面评估吊工件、吊索具、吊耳、机械设备及地基的状态，确保所有环节均处于良好状态，从而避免在正式吊装过程中发生意外。

#### 1. 试吊操作

试吊高度设定。将工件平稳吊离地面约 200mm，此高度既便于观察又不易造成实际损害，是试吊检查的理想高度。

#### 2. 全面检查流程

• 设备重量复核：核实吊装设备的实际重量与计算得出的吊装重量是否完全一致，确保吊装计划的准确性。

• 吊索具状态检查：细致检查吊索具的受力情况，确认其处于正确位置且无挤压变形、保护措施脱落等不利受力现象。

• 吊耳外观检查：对设备吊耳进行详尽的外观检查，确保其无变形、裂纹等缺陷，以保证吊装的稳固性。

·机械设备性能评估：检查机械设备的液压系统是否存在渗漏现象，同时确认安全及限位等关键部件的工作状态是否正常。

·地基条件评估：对吊装作业区域的地基进行细致检查，包括其平整度和坡度，确保无局部下沉等不利条件，以保障吊装作业的安全进行。

完成上述试吊检查流程后，若确认所有检查项目均符合安全要求，则可进行正式吊装作业。若发现任何异常或潜在问题，应立即停止试吊，并采取相应的整改措施，直至所有问题得到妥善解决后方可继续作业。

试吊过程中，所有参与人员应保持高度警惕，密切关注吊装设备的动态变化。如遇紧急情况，应立即启动应急预案，确保人员与设备的安全。试吊检查记录应详细、准确，为后续吊装作业提供重要参考依据。

### （四）吊装作业分级管控

吊装作业分级管控是一个综合性的安全管理体系，通过分级分类的方式对吊装作业进行精细化管理，以确保作业安全。针对一级、二级和三级的吊装作业，宜采取了一系列分级管控措施。

·制度建立：制定详细的吊装作业规章制度和操作规范，明确各级别吊装作业的操作人员职责、要求和操作要点。

·风险排查：在吊装作业前进行全面的风险排查，识别作业过程中可能存在的危险因素，并制订相应的预防措施。

·方案编制与审批：对于二级及以上级别的吊装作业，应编制详细的吊装作业方案，并经技术、生产主管部门领导审批。方案应包括工程概况、施工机具选择、平面布置图、劳动组织及岗位责任制等内容。

·人员培训与认证：确保吊装作业人员经过专业培训和技能认证，熟练掌握相关吊装技术和操作规程。对于特殊或高难度的吊装作业，还需进行针对性的培训和演练。

·现场监管：在吊装作业期间安排专人进行现场监管和管理，确保安全防护措施的执行效果。同时，设置警戒区域和警示标识，防止非作业人员进入危险区域。

·设备检查与维护：对吊装设备进行定期检查和维护保养，确保设备处于良好的工作状态。对于老旧或损坏严重的设备应及时淘汰更新。

·应急准备：制订吊装作业应急预案并定期组织演练，提高应对突发事件的能力。同时确保应急设备和物资的充足和完好。

吊装作业分级管控是一个系统化、精细化的安全管理体系。通过明确吊装作业分级、制定详细的规章制度和操作规范、加强风险排查和人员培训等措施，可以有效降低吊装作业过程中的安全风险，保障人员和设备的安全。同时，随着吊装技术的不断发展和企业安全管理水平的不断提升，吊装分级管控体系也将不断完善和优化。

### （五）不同类型的吊装作业的过程管控措施

由于吊装作业的类型、级别不同，起重机械有类型不同，吊装作业过程管控措施也有差异，下面列举几种具有代表性的吊装作业。

### 示例1：需要两台（含两台）以上起重机联合吊装作业的管控措施

抬吊作业风险大，需要两台（含两台）以上起重机联合吊装作业的管控措施确保两台（含两台）以上起重机联合吊装作业的安全性和可靠性，避免吊装过程中的意外事故和损失。

• 应制定技术方案。联合吊装作业应由具备相应资质的专业人员制定具体的技术方案。方案需包括抬吊场地条件确认、吊机型号选择、载荷验算、被吊物吊点设置及吊装步骤、吊装指挥及指挥信号等关键内容。方案制定完成后，必须经过相关负责人审批，确保各项安全措施得到有效落实。

• 应做好场地与道路准备。吊装现场及道路必须平整坚实，无回填土、松软土层。如存在松软土层，应进行夯实并铺设底板。吊机不得停置在斜坡上，以确保吊装的稳定性和安全性。

• 应分配与验算载荷。参与联合吊装作业的各台起重机械所承受的载荷不应超过各自额定起重能力的80%。根据吊物的重量、形状、摆放位置等情况，对吊点的设置和吊索具的选用必须经专业人员进行详细验算，确保吊装的可靠性和安全性。

• 应设置平衡机构。被吊物轴向上安排吊点在3点及以上的，双机抬吊时，起吊两个及以上吊点的起重机，应在其所吊的各吊点处设置平衡机构（如平衡滑车），以确保吊物的平衡稳定。

• 应统一指挥与信号。指挥人员应站在起重机操作手都能看到的地方，以便随时观察和调整吊装过程。必要时，应设立信号传递人员岗位。指挥信号必须统一、明确，确保各台起重机之间的协同作业顺利进行。起吊过程中，指挥人员应密切观察、监护吊物情况，确保吊装过程的安全可控。

• 应协同起重机操作。避免多机构同时操作，一台起重机不得同时进行两个及以上机构的操作，以确保操作的稳定性和准确性。两台（含两台）以上起重机同时动作时，应进行同样性质的动作，且动作平稳，以保持吊物的平稳升降和移动。两台起重机的吊钩滑轮组应保持垂直状态，以减少吊装过程中的摆动和偏差。

### 示例2：起吊重量在起重机相应工况下最大载荷能力80%以上的吊装作业管控措施

需从指挥与信号管理、试吊与检查、吊物固定与稳定性、人员安全、作业过程控制、环境与气象条件及安全措施与照明等多个方面进行全面、细致的管控，以确保吊装作业的安全顺利进行。

• 指挥与信号管理。在执行关键性吊装作业时，必须明确指定持有有效证件的起重指挥人员，并确保其佩戴明显的标志，以便于现场识别与沟通。规范指挥信号：起重指挥应严格按照GB/T 5082—2019《起重机　手势信号》中规定的信号进行指挥。其他作业人员需熟悉吊装安全操作规程及指挥信号，确保作业过程中的信息畅通与准确执行。

• 试吊与检查。试吊程序：正式起吊前，必须进行试吊。试吊过程中，需仔细检查所有机具的受力情况，包括但不限于吊索具、吊耳、机械设备及地基等。一旦发现异常，应立即将吊物放回地面，待故障排除并重新试吊确认一切正常后，方可进行正式吊装。

• 吊物固定与稳定性。吊物就位后，在正式固定前，严禁松钩或解开吊装索具。待吊物固定完成后，需再次检查连接是否牢固稳定，确认无误后方可拆除临时固定工具。

• 人员安全。严禁任何人员随同吊物或起重机升降，以确保人员安全。

• 作业过程控制。吊装过程中，应严格控制升降速度，严禁猛升猛降，以防吊物脱落或造成其他安全事故。作业过程中若出现故障，应立即向指挥者报告，并等待指令后方可采取相应措施。未获指令前，任何人不得擅自离开岗位。

• 气象条件在六级以上大风、大雨、浓雾等恶劣天气条件下，严禁进行吊装作业，以确保作业安全。

• 中断措施与照明条件。若吊装过程因故中断，必须采取必要的安全措施，防止吊物悬空过夜，造成安全隐患。夜间进行吊装作业时，应确保作业区域有充分的照明，以提高作业可见度，保障作业安全。

### 示例3：吊臂越过障碍物起吊的吊装作业管控措施

吊臂越过障碍物起吊的吊装作业是一项技术复杂、风险较高的操作。为确保作业安全，宜制订严格的管控措施，从设备选型、安全检查、指挥与信号传递、作业过程控制等方面入手，全面提升作业的安全性与可靠性。

•前期准备与设备选型：依据吊物的重量、体积及具体作业要求，精心挑选适宜的吊索具及起重机械。所选起重机械需充分满足起重量、起重高度及作业半径的规范需求，同时确保其起重臂的最小有效长度足以跨越障碍物，确保起吊作业的安全与顺利进行。在作业开始前，对起重机械及其吊索具进行全面细致的检查，确认起重机械的各项安全防护装置完好无损，吊索具亦处于良好状态，无任何潜在的安全隐患。

•指挥与信号传递：指挥人员配置与信号传递：为确保起吊作业的精准无误，应设置至少2名指挥人员。其中一名位于被吊物件附近，负责直接观察吊物状态；另一名则位于既能观察到被吊物件又能与操作者保持良好视线交流的位置，负责信号的准确传递与沟通。通过双重指挥机制，有效避免误操作，提升作业安全性。

•作业过程控制：在吊臂越过障碍物进行起吊作业时，必须确保吊装作业半径内无任何作业人员或其他无关人员通行，以减少潜在的安全风险。起升吊物跨越障碍物时，需严格控制吊物底部的高度，确保其至少高出所跨越障碍物的最高点500mm以上，以防止吊物与障碍物发生碰撞，造成意外损伤。若使用自行式起重机进行作业，需特别关注车身重心的稳定性，防止因车身倾斜或重心偏移而引发翻车等安全事故。起重臂在越过障碍物时，其倾角应严格控制在允许范围内。若无具体资料可供参考，则应确保起重臂的最小仰角不小于45°，以防止因倾角过大而引发的不稳定情况。

### 示例4：吊物或吊臂接近外电架空线路的吊装作业的管控措施

吊物或吊臂接近外电架空线路的吊装作业的管控措施至关重要，可以确保吊物或吊臂接近外电架空线路的吊装作业安全进行，减少事故风险。

（1）前期准备与勘查：吊装作业前，必须进行现场实地勘查，确认所有外电架空线路（包括绝缘导线）的电压等级，并视为带电处理。根据线路电压等级，保持与导线的安全距离，确保作业安全。

（2）编制防护方案：编制详细的外电线路防护方案，明确绝缘隔离防护措施。架设防护设施前，必须经有关部门批准，并悬挂醒目的警告标志牌，以提醒作业人员注意。

（3）停电申请与强制规定：若无法保持安全距离，应告知电力部门并申请停电。严禁强令冒险作业。在电力部门停用线路或采取其他可靠的安全技术措施后，方可进行吊装作业。

（4）现场监护与交流：吊装作业现场应有电气工程技术人员和专职安全人员监护，确保安全措施得到落实。监护人员必须与现场指挥人员和起重机操作手保持密切的交流互动，及时传达安全信息。

（5）劳动防护用品：电工高处作业时必须穿符合国家或行业标准的劳动防护用品，如绝缘鞋等，以防触电。

（6）接地保护：起重机必须实施接地保护技术措施，以消除万一车身触碰电线而产生的电位差，确保作业安全。

（7）应急处理：当车体碰触到外电架空线路时，驾驶室、操作室内的人员处于等电位状态，暂时不受电位差威胁。

（8）紧急操作：起重机司机可操作将吊臂移开架空线路，避免进一步危险。其他人员不得擅自移动，保持现状，等待救援。任何人（包括司机）严禁在车体带电时试图上、下车，以防触电事故发生。

### 示例5：大型设备吊装作业管控措施

大型设备吊装作业需制定详细的吊装方案，梳理关键步骤并制订落实控制措施，以确保吊装作业的安全顺利进行。

（1）吊装作业前准备：

• 应做好人员准备工作。确保所有参与吊装作业的起重指挥、司索人员、起重机司机等特殊工种持有效证件上岗，身体健康无异常。作业人员应正确佩戴劳保防护用品，如安全帽、工作服、劳保鞋、手套等，高处作业时应穿戴安全带。编制方案的技术人员需对管理人员、作业人员进行详细的安全技术交底，内容涵盖设备吊装顺序、方案、工艺、工序及要点、安全技术措施等。

• 应做好吊装设备、吊索具的准备。检查吊索具的质量证明文件，确认规格、尺寸和技术性能参数符合要求。起重机械应具有有效的安全检验合格证及检测证书，自制、改造和修复的吊具、索具需有设计文件。对新投入或大修后的设备进行试验，确认设备状态良好。检查起重设备的制动装置、机械传动与电气控制装置、保险装置和安全保护装置，必要时进行空转试验。

• 应做好吊物吊装前准备。检查吊物放置位置地面是否平稳、压实，确保无塌陷或支架偏移。临时增加的吊耳需满足设计要求并通过无损检测。对易变形吊物采取临时加固措施。清除吊物上的遗留物，确保小型材料、工具固定牢固。

• 应做好周边环境准备。提前了解天气情况，避免在不利天气条件下作业。检查吊物站位处和起重机械行走区域的地基处理情况。清理起重设备行走路线上的障碍物，确认与高压线路的安全距离。设置警戒区域，配备警示牌和监护人员。

（2）试吊检查：

在正式起吊前，进行试吊，将工件吊离地面约 200mm，检查吊工件、吊索具、吊耳、机械运行状态及地基情况，确认无误后方可正式起吊。

（3）吊装作业过程控制：

• 成立项目吊装组织机构。明确各成员的具体职责，实行集中管理，统一指挥。设立吊装总指挥，负责组织吊装准备工作的检查、确认，并发布吊装指令。总指挥应由具备资质的人员担任，如项目的上级分管领导或上级组织指定的其他领导。

• 吊装作业现场管理。严格遵守相关施工技术标准和起重机械的操作规程。设置符合规定的安全警戒标志，禁止非作业人员进入警戒区域。吊装过程中，所有作业人员必须听从指挥，严禁擅自指挥或干扰指挥。

• 安全距离与防护。确保起重机械与输电线路保持安全距离，必要时停电作业。

• 按规定负荷进行吊装，不得超负荷作业。不利用管道、管架、电杆等作为吊装锚点，建筑物、构筑物作为锚点需经专家审查核算。

• 作业许可与监控。按照吊装作业等级办理作业许可证，并进行分级管控。对一级、二级吊装作业实施"双监护"和视频监控。在特殊时期减少吊装作业数量，必要时实行升级管理。

• 应急准备。制订应急措施，确保在吊装过程中发生异常情况时能够迅速响应并妥善处理。

### 示例6：起重葫芦吊装作业管控措施

（1）使用前检查：

扳动前进及后退手柄，检查其灵活性。穿入已擦拭干净的配套钢丝绳，再扳动手柄，确认其动作正常且各零件无松脱现象。作业中应注意机体结构不发生纵向阻塞，钢丝绳能顺利通过机体中心，机壳无变形。工作时及负荷状态下严禁扳动松卸手柄，前进与后退手柄不能同时扳动。不得使用配套以外的绳具代替钢丝绳，运行中保持钢丝绳清洁。不得任意加长操作手柄，操作中应让其余手柄自由随动。如遇阻碍，应停止操作，检查并清除障碍。当手扳葫芦用作载人吊笼的提升时，起重量应降至额定起重量的1/3。手拉葫芦吊装作业管控措施。

（2）起吊前检查：

各机件必须完好无损，传动部分及起重链条润滑良好，空运转正常。不允许用吊钩钩尖钩挂重物，起重链条不得扭转和打结。双行链手拉葫芦的下吊钩组件不得翻转，吊钩应在重物重心的铅垂线上，以防重物倾斜、翻转。吊装试吊检查见表3-14。

表3-14 吊装试吊检查表

| 序号 | 检查项目 | 检查内容 | 检查结果 | 处理措施 |
|---|---|---|---|---|
| 1 | 试吊高度 | 工件平稳吊离地面约200mm | □已完成 □未完成 | |
| 2 | 设备重量复核 | 实际重量与计算重量是否一致 | □一致 □不一致 | |
| 3 | 吊索具状态 | 吊索具受力情况，无挤压变形、保护措施脱落等 | □正常 □异常 | |
| 4 | 吊耳外观 | 吊耳无变形、裂纹等缺陷 | □无缺陷 □有缺陷 | |
| 5 | 机械设备性能 | 液压系统无渗漏，安全及限位部件正常 | □正常 □异常 | |
| 6 | 地基条件 | 地基平整无下沉，坡度符合要求 | □符合要求 □不符合要求 | |
| 7 | 通信与信号 | 指挥信号畅通，通信设备正常 | □正常 □异常 | |
| 8 | 安全观察 | 全面观察吊装过程中设备动态变化 | □无异常<br>□异常描述：_____ | |
| 9 | 异常情况处理 | 是否立即停止作业并排查原因 | □已处理 □未处理 | |
| … | …… | …… | …… | …… |

检查人：_____　　　　检查日期：_____

备注：

检查前，请确保所有参与试吊的人员已到位，并已进行必要的安全交底。在试吊过程中，应密切关注吊装设备的动态变化，一旦发现异常立即停止作业，并按照应急预案进行处理。试吊结束后，应详细记录检查结果，对发现的任何问题应及时整改，确保正式吊装作业的安全进行。

（3）试吊与起吊：

使用前应首先试吊，当被吊物离开支撑物后，确认手拉葫芦运转正常且制动可靠后再继续起吊。悬挂手拉葫芦的支承点必须牢固、稳定。在起吊过程中，无论重物上升或下降，拽动手拉链条时用力应均匀缓和，不得用力过猛。

（4）作业过程管控：

作业时操作者不得站在重物上面操作，也不得将重物吊起后停留在空中而离开现场。如需将重物悬空较长时间，应将手拉链条拴在起重链条上，防止自锁失灵。严禁超负荷起吊或斜吊，禁止吊拔埋在地下或凝结在地面上的重物。起吊过程中，严禁任何人在重物下行走或停留。不得使用非手动驱动方式起吊重物，发现拉不动时应立即停止使用，检查原因。上升或下降重物的距离不得超过规定的起升高度，以防损坏机件。通过上述详细的管控措施，可以确保起重葫芦吊装作业的安全进行，减少事故风险，保障人员和设备的安全。

### 示例7：液压顶升系统吊装作业管控措施

• 额定起重量与起升高度：液压顶升系统的额定起重量必须大于起重物的重量，确保安全起吊。

• 起升高度应满足作业要求，最小高度需与安装净空相适应，避免与周围设备或结构发生碰撞。

• 多台液压顶升系统联合使用：当采用多台液压顶升系统联合顶升时，应选用同一型号的液压顶升系统，并保持同步操作。每台液压顶升系统的额定起重量不得小于所分担重量的 1.2 倍，以增加安全裕量。

• 地面与防滑措施：液压顶升系统应放置在平整坚实的地面上，底座下应垫以枕木或钢板，以增加稳定性。与被顶升构件的光滑面接触时，应加垫硬木板以防滑，确保顶升过程中的稳定性。

• 载荷传力中心：设顶处应传力可靠，载荷的传力中心应与液压顶升系统轴线一致，严禁载荷偏斜，以防发生倾斜或倾覆事故。

• 顶升过程检查：顶升前应先轻微顶起后停住，检查千斤顶承力、地基、垫木、枕木垛有无异常或千斤顶歪斜。如发现异常，应及时处理后方可继续工作，确保顶升过程的安全。

• 顶升高度控制：顶升过程中，不得随意加长液压顶升系统手柄或强力硬压，防止超出设计范围造成损坏。每次顶升高度不得超过活塞上的标志，且顶升高度不得超过螺丝杆或活塞高度的 3/4，确保操作在安全范围内。

• 构件支撑：构件顶起后，应随起随搭枕木垛和加设临时短木块，以支撑构件并防止其下落。短木块与构件间的距离应随时保持在 50mm 以内，确保支撑稳固。

• 人员安全：作业人员不得在被顶升的重物下工作，以防重物突然下落造成人员伤害。

## 第五节　吊装作业其他管理要求

### 一、吊装作业承包商管理

随着石油石化建设和施工作业现场的承包商队伍日渐增多，承包商管控的安全风险也随之增大，为了弥补服务商管理能力、管理规模参差不齐带来的安全管理隐患，可以在承包商的资质准入关、队伍素质关、监督监控关、现场管理关、业绩评价关，提升吊装主体责任单位对承包商的管控能力，以及承包商的自主管理能力。

（一）资质准入关

可以通过制定吊装作业承包商管理办法，搭建承包商管理平台系统，对承包商企业、承包商的起机械设备和操作人员实施准入把关。

（1）企业审查主要内容可以包括：企业的组织机构和制度、各类管理体系认证证书、安全生产许可证，主要负责人、项目负责人、安全监督管理人员、安全员相应安全资格证书，特种作业人员操作资格证书、主要设备清单及近三年安全生产业绩证明、员工工伤保险办理情况等有关资料等。

（2）起重机械的准入审查主要内容可以包括：特种设备档案记录、商业保险记录及监控终端安装情况等。

（3）起重机械操作人员的准入审查主要内容包括：特种设备操作证照、职业健康体检等。

为了方便管理，吊装作业承包商的企业准入一般每年开展 1 次，并定期开展年检、定期公示。起重机械和起重机械操作人员准入后，可以通过电脑管理端平台、微信小程序查询准入情况，也可生成二维码张贴在起重机械的显著位置，方便现场检查。

## （二）队伍素质关

承包商队伍应保证良好的队伍素质，满足作业现场的安全保障要求。原则上承包商队伍的日常安全教育和安全培训应由承包商企业自行开展，但进入属地作业时，属地管理单位应将该项目存在的风险及风险削减措施进行入场告知。为进一步提高承包队伍的安全技能，也可通过组织承包商人员的履职能力评估、开展了操作人员动态分类，常态化开展承包商各类人员的 HSE 培训等提高承包商人员的安全意识和操作技能。

（1）承包商队伍履职能力评估：可以组织开展承包商主要负责人、现场管理人员、操作人员 3 个层级安全能力评估，制定相应的培训矩阵，针对性开展岗位培训。

（2）起重机械操作人员动态分类：按照操作技能每月评价，对应相应的评价等级安排相应难度的任务，重点任务选择优秀操作人员，确保了能力与任务匹配。

（3）常态化的承包商 HSE 培训。属地单位应每年至少组织 1 次承包商企业主要负责人、分管安全生产负责人、安全管理机构负责人的安全专项培训，可将培训和考试的结果纳入承包商企业年审。

## （三）监督监控关

按照石油石化行业的安全管理要求，应将进行现场作业的承包商起重机械和操作人员纳入统一的安全监管。

（1）完善监控设备设施。通过移动或固定视频，前端摄像头 + 后台人工监控，以及 AI 自动违章识别等前沿科技开展对现场吊装作业的自动监控。

（2）实现监控大数据应用。将操作人员人脸、操作机械牌照号录入系统，通过系统自动比对，实现作业现场验证身份进入。

（3）严格现场监督检查。将承包商的违章纳入统一的违章查处标准，除经济处罚外，对于重复性违章较多的操作人员，应拉入"黑名单"不再使用，对承包商操作人员起到强力震慑作用。

## （四）现场管理关

（1）开展作业许可管理。属地单位对承包商作业人员承担的高危作业和非常规作业实行作业许可管理，并实行全过程旁站监督；对节假日和重要敏感时段的高危作业和非常规作业实行升级管理。

（2）数智化助力现场管控。通过数智巡检、微信小程序日检等电子检查表方式，开展现场数智化日常安全检查。

（3）推行现场安全管理资格共享。应重点关注吊装作业中的非常规作业、零散偏的任务及辅助性任务等，通过项目安全协议的约定和明确属地安全管理责任，避免管理缺失。

（五）业绩评价关

应建立健全承包商年度综合积分考核机制，针对准入的吊装作业承包商企业规模大小、年度完成的工作量等，合理设置和量化安全业绩评价指标，承包商安全业绩考评内容包括：

（1）健康安全环保法规、标准、制度遵守情况。

（2）安全生产组织机构建立、员工安全教育情况。

（3）作业方案、安全协议履行情况。

（4）安全措施、劳动保护、环境保护、应急演练落实情况。

（5）安全设备、作业现场管理、施工质量等情况。

将年度业绩评价的结果应用对承包商的管理中，评级为"优秀"的承包商，在中标条件同等情况下优先授标；对于年度业绩评价不佳的承包商，可给予黄牌警告，督促限期整改、不允许其参与投标，甚至纳入"黑名单"管理等。

## 二、吊装作业升级管控要求

吊装作业作为特殊作业之一，在特殊敏感时段，为了体现对人民生命财产安全的高度重视和对安全生产管理体系不断完善的要求，可实施升级管控，为人民群众提供一个安全稳定的节日环境。

（1）特殊敏感时段包括以下时段：

① 党和国家举行重大会议、庆典等活动期间。

② 春节、国庆节等国家法定节假日期间。

③ 所在区域发生聚集性疫情或自然灾害期间等。

（2）升级管理的具体内容可包括实施升级防范措施、升级许可审批、升级监督监控、升级安全检查、升级事故处理等。

① 升级防范措施是指在疫情防控、应急准备、现场盯防指挥、干部带班、安全防护设施配置、风险识别评估、值班值守等方面进行管控措施升级，主要采取提高盯防人员级别、暂缓施工、调整方案、提升设备装置级别或强化监测监控手段等措施。

　　② 升级许可审批是指对吊装作业进行作业许可的升级审批，由属地管理人员核查后，按照作业风险程度提升签批、延期、取消和关闭等权限。

　　③ 升级监督监控是指对大型作业、关键环节、重点部位、要害装置等强化监督的措施，具体通过增加监督人员数量或提高监督等级、加密督查频次、加强环境监测手段等措施，实施作业现场监管。

　　④ 升级安全检查是指通过加强自查自检、提升检查级别、加大覆盖范围、加密检查频次或改进检查方式等措施，提升对重点场所检查力度。检查必须要有问题通报、有整改督促、有效果验证。

　　⑤ 升级事故处理是指对特殊敏感时段发生的事故进行升级调查，并对失职人员加大处罚力度的措施。

　　表 3-15 为某单位节日期间升级管理的具体要求。

表 3-15　节日期间升级管理表

| 作业项目 | 升级管理措施 | | | | |
|---|---|---|---|---|---|
| | 升级审批 | 升级防范 | 升级检查 | 升级监督 | 升级处理 |
| 吊装作业 | 1.审批程序<br>（1）作业单位作业许可申请升级审批。<br>（2）安全监督对作业许可进行认可确认。<br>（3）专家或领导等现场把关人员现场确认。<br>（4）履行高危作业预约报备审批：现场作业负责人申报→项目部负责人审核→单位业务部门负责人审核→单位业务分管领导审批。<br>（5）二级单位EISC（专家远程技术支撑）专人监控。<br>（6）关闭作业许可并报告作业完成。<br>2.审批权限<br>由现场作业负责人审批升级为基层项目部业务主管部门负责人审批作业许可 | 1.二级单位组织专家开展风险评估。<br>2.制订专项HSE项目计划书，明确责任分工，制订专项应急预案和现场应急处置方案。<br>3.实施"一项目一安全监督"。<br>4.按照三级吊装分级管理权限分别提升一级审批，一级吊装作业由企业业务主管部门审批。<br>5.作业现场关键防护设施、器材配置数量增加一倍，设置移动视频监控系统，专人监控 | 1.升级管理权限：由岗位或班组或基层队或项目部按逐级提升一级进行管理。<br>2.基层现场按岗位、班组、队站"日、周、月"检查升级为班组长带队检查、值班干部带队检查，并加大检查频次。<br>3.项目部业务分管领导带队现场监管。<br>4.二级单位业务部门负责人通过EISC中心监控抽查监督 | 1.监督方式：安全监督全程旁站监督；安全监督机构巡检组督查；EISC视频监控。<br>2.监督等级：由三级监督升级为二级监督；重点项目委派一级监督，或派驻双监督。<br>3.监督频次：关键时段增加监督频次 | 1.升级调查：对B、C级事故、"三违"等性质引发的限工事件，按照事故调查权限提升一个档次进行升级调查。<br>2.加倍记分：对相关责任人员按照《安全生产记分管理办法》进行加倍记分。<br>3.追责问责：按照《较大及以上安全环保事故隐患问责实施细则》逐级提升一个档次进行责令检查、约谈、行政处分 |

### 三、高危作业挂牌与区长制

吊装作业属于高危作业，需制定规范化、标准化的安全管理及作业要求，应实施高危作业挂牌与区长制管理。在吊装作业现场划定可识别的高危作业区域范围，入口处挂牌，标明区域范围、"区长"姓名、职务和有效的联系方式（图3-6）。

| 高危作业区域安全生产"区长"制公示牌 | | | | |
|---|---|---|---|---|
| 作业名称 | | | 作业票证 | |
| 作业区域 | | | | |
| 作业时间 | | | | |
| 建设单位 | | 区长 | 职务 | |
| | | | 电话 | |
| 施工单位 | | 区长 | 职务 | |
| | | | 电话 | |

图3-6　区长制公示牌

对作业区域不满足安全生产条件的人员、场所和设备设施，"区长"应当立即组织整改，超出本人权限范围无法整改的，应当及时向上级有关部门或者负责人报告，对高危作业区域内不具备安全生产条件或者安全风险无法保证受控的，应当及时进行停工处理。

（一）区长的选派

（1）对于内部单位分别作为甲乙方的高危作业，由甲方单位属地负责人或者项目负责人和乙方单位项目负责人分别担任高危作业区域安全生产"区长"，形成高危作业区域安全生产"双区长"制。

（2）对于系统外的承包商在所属单位开展的高危作业，由建设单位项目负责人担任高危作业区域安全生产"区长"。

（3）对于内部下属单位之间的高危作业，由作业场所或者属地单位负责人和作业方负责人分别担任高危作业区域安全生产"区长"，形成高危作业区域安全生产"双区长"制。

（4）对于在外承揽项目开展的高危作业，由所属单位项目负责人担任高危作业区域安全生产"区长"。

（二）区长的职责

（1）组织开展安全风险识别，掌握作业区域内相关设备设施、场所环境和作业过程的风险状况、作业队伍和人员资质，以及高危作业实施计划。

（2）组织开展作业区域内的隐患排查治理，及时消除事故隐患并核查验证。

（3）组织开展作业许可票证查验，现场督促并检查高危作业安全措施落实情况。

（4）组织召开安全分析会议，督促检查作业人员现场安全培训、作业前安全风险分析和安全技术交底。

（5）跟踪区域内作业进展，跟踪检查作业方案执行和安全要求落实情况，组织开展高危作业和关键环节现场安全监督监护。

（6）及时协调并处置作业区域内影响安全生产的问题。

（7）及时、如实报告作业区域内发生的事故事件和险情。

## 四、常见吊装作业禁令及释义

### （一）"十不吊"内容及释义

吊装作业"十不吊"是现场为确保安全生产制定的禁令，但是不同起重机构及不同的单位对吊装作业"十不吊"的具体内容大同小异，此处列举某单位主要针对汽车起重机吊装作业的"十不吊"的要求。

#### 1. 未经作业许可认可不吊

"未经作业许可认可"指作业前未落实"作业许可认可"制度。常见有未按照相关规定和程序办理许可，未审批或审批人员不正确，未经作业许可或认可擅自作业等。

#### 2. 无专人指挥、信号不明确不吊

"专人"指由施工单位明确指定的持有效起重机械指挥证，穿着指挥信号服或佩戴"吊装指挥"标识的指挥人员。一般情况下一个起重作业项目只能确定一名指挥。

"信号"指 GB/T 5082—2019《起重机 手势信号》所规定的标准手势、语音和旗语信号。"信号不明确"指指挥人员发出的违章指令、信号不清晰或起重司机对信号未识别领会。起重司机无条件服从任何人发出的"停止"指令。

### 3. 设备设施有缺陷、基础不牢不吊

"设备设施有缺陷"指起重设备及其吊钩、钢丝绳、绳卡、卷筒、支腿、制动系统、传动系统、液压系统、控制系统、力矩限制器、上下运行极限位置限制器、偏斜调整和显示装置、联锁保护装置、水平仪等部件及其他安全装置存在失效或损坏等缺陷，吊索具（吊索、吊带、卸扣等）存在缺陷，被吊物吊点存在缺陷。

"基础"指承载起重设备的支撑面。"基础不牢"指起重设备基础不平整坚实，有塌陷下沉等危险，起重设备未能处于水平状态，未使用垫板或垫板面积小于支腿支撑板面积的3倍。

### 4. 起重系统超负荷、吊物重量不明确不吊

"起重系统超负荷"指被吊物重量超过起重设备、吊索具（钢丝绳、吊带、卸扣等）额定载荷，可能导致吊车损坏、倾覆，吊索具损坏、断裂，被吊物下砸，引发超载限制装置启动示警。

"吊物重量不明确"指对被吊物体的确切重量没有清晰、准确的认识或掌握。这种情况可能由于多种原因造成，如物体形状不规则、体积庞大难以准确称重，或者现场条件限制无法进行测量或估计，可能导致起重能力不足以安全地吊起实际重量的物体，增加吊车倾覆、吊索断裂等事故的风险。

### 5. 吊物捆绑不牢靠、固定状态未消除不吊

"捆绑不牢靠"指被吊物上放置有未固定的活动物品或可移动的零部件未锁紧或捆牢。

"固定状态未消除"指被吊物处于与其他固定物焊接、螺栓固定、冰冻粘连、钩挂、交错挤压等联接状态；或处于堆压在其他物件下、埋在地下等载荷不确定的情况。

### 6. 棱角无衬垫、牵引不当不吊

"棱角无衬垫"指吊索与被吊物接触部位的尖锐棱边利角未加防护有效的垫物。锋利的棱角可能会割断或严重磨损吊索，导致吊索的承载能力大幅下降，甚至可能引发吊索断裂和重物坠落等严重安全事故。

"牵引不当"指未能对被吊物摆动和旋转进行有效控制。包括：无牵引，牵引人站位不当；牵引绳径、材质和长度选择不当；牵引绳挂点不当，未拴系在被吊物体上。

### 7. 歪拉斜吊不吊

"歪拉"指被吊物重心与吊钩未处于铅垂线上时拉拽被吊物。"斜吊"指被吊物吊点选择不正确，被吊物不平衡，存在倾斜、滑动、翻转、脱落等风险。

### 8. 容器盛装液体不吊

"液体"主要指水、钻井液、油品或其他液体。容器内残余液体高度不得超过容器最低排放口高度，酸液、钻井液等特殊液体必须排放干净。

### 9. 危险区域有人不吊

"危险区域"指被吊物上下、起重设备上、吊臂移动范围、起重设备回转半径、被吊物摆动范围、被吊物可能脱落区域。

作业时吊物上站人，转盘旋转区、起重臂下、被吊物下方及其可能滑脱摔落的最大半径范围等危险区内有人员时应立即停止作业。

### 10. 作业环境不良不吊

"环境不良"指"安全距离"是指起重设备和被吊物与输电线路最小安全距离不得小于 GB/T 6067《起重机械安全规程》有关规定；雷电、大雨、大雪、大雾、沙尘暴和风力达六级及以上等极端天气；光线暗淡，能见度低于 30m 等情况。

### （二）"十必须"内容及释义

上文的"十不吊"主要针对的是现场操作人员在具体操作的时候禁止作业的范围，这里规定的"十必须"之禁令，主要针对的是吊装作业的管理人员。

#### 1. 指挥和监护人员必须持证上岗

指挥和监护吊装作业的人员必须经过专业培训，取得相应的资格证书，才能上岗作业。这是确保他们具备足够的专业知识和技能，能够正确、安全地指挥和监督吊装作业。

#### 2. 必须在作业前确认吊车操作人员资质

在开始吊装作业之前，必须检查并确认吊车操作人员的资质证书，确保他们具备操作吊车的合法资格和专业技能。这是防止无资质人员操作吊车，导致安全事故的重要措施。

#### 3. 必须听从现场统一指挥

吊装作业现场必须有一个统一的指挥者，所有人员都必须听从他的指挥。这样可以避免混乱和误操作，确保吊装作业的有序进行。

### 4.必须设置吊装警戒范围区

在吊装作业区域周围必须设置明显的警戒线或警示标志，以提醒周围人员注意安全，防止无关人员进入吊装作业区域，造成意外伤害。

### 5.必须使用合格的吊索具

吊装作业中使用的吊索具（如钢丝绳、吊带等）必须符合国家标准和行业标准，经过检验合格后才能使用。不合格的吊索具可能会导致吊装物坠落，造成重大安全事故。

### 6.必须标识被吊物吊点并明确吊挂方式

在吊装作业前，必须明确标识出被吊物的吊点位置，并确定合适的吊挂方式。这样可以确保吊装物在吊装过程中保持平衡和稳定，防止因吊点不当或吊挂方式不合理而导致吊装物倾斜或坠落。

### 7.必须进行起吊前试吊

在正式起吊之前，必须进行试吊操作。试吊的目的是检查吊装设备、吊索具及被吊物的状态是否正常，确保吊装作业的安全性。

### 8.必须限定辅助吊钩使用范围

如果吊装作业中使用了辅助吊钩，必须明确其使用范围和限制条件。辅助吊钩的使用必须严格遵守相关规定，以防止因使用不当而导致安全事故。

### 9.指挥和监护人员必须坚守装作业区域

指挥和监护人员必须在吊装作业过程中始终坚守在作业区域，以便随时观察作业情况，及时发现并处理潜在的安全隐患。

### 10.指挥和监护人员必须识别吊装风险、制止违章

指挥和监护人员必须具备识别吊装作业中潜在风险的能力，并能够及时制止任何违章操作行为。应该对吊装作业的全过程进行监控，确保作业的安全性和合规性。

## （三）五个确认

这项禁令主要针对的是吊装作业的指挥人员。

1. 确认危险区域无人

危险区域指吊车的吊臂旋转范围内和吊车操作室旋转范围内。

2. 确认吊具选择正确

确认吊具选择正确指按照被吊物的负荷及长度或形状选择单、双或四绳套，以及是否应当使用卸扣和专用吊索具等。

3. 确认吊挂安全可靠

吊挂安全可靠指索点选择合理、吊挂位置正确，连接可靠，保持被吊物平衡，无一吊多挂和一绳多连。

4. 确认物件固定牢靠

物件固定牢靠指被吊物上没有附着物、常设附件与主体连接牢固可靠。

5. 确认吊物未被连接

吊物未被连接指被吊物无淹埋、无冻结粘连、无与周围物体连接等。

## 参 考 文 献

[1] 卜一德. 起重吊装计算及安全技术 [M]. 北京：中国建筑工业出版社，2008.
[2] 仇俊岳. 吊装工程 [M]. 2版. 北京：中国石化出版社，2019.

# 第四章　吊装作业常见违章隐患

## 第一节　吊装作业常见不安全行为

吊装作业是石油石化行业的高风险施工作业，通常吊装作业集中在设备的拆卸、搬运和安装过程，还有一些零星吊装作业主要是在设备更换、维修等过程。石油石化行业吊装作业施工一般比较集中，吊装频次高且作业周期较长，起吊物种类多、重量大，吊装作业过程参与作业人员、配合作业人员多，若不严格抓好吊装作业行为安全，可能导致人员伤亡、设备损坏等严重后果。

吊装作业事故可能发生于吊装作业各类过程中，包括吊运、安装、检修、试验中发生的重物（包括吊具、吊重或吊臂）坠落、夹挤、物体打击、起重机倾翻、触电等事故。以下主要从参与作业的起重机司机、司索人员和指挥人员列举典型不安全行为，供各企业在吊装作业管控过程中参考，以便及时发现并制止违章行为，保障吊装作业安全。

### 一、起重机司机典型不安全行为

起重机司机作为起重机械的操控者，其安全、规范操作对吊装作业安全影响重大，任何的起重机违章操作都可能导致意外伤害事故发生，如起重机超载起吊、斜拉、分散注意力等不安全行为，都可能造成严重生产安全事故，以下抽选了一些典型的起重机司机的不安全行为进行分析，以便企业在实际作业中更好地防范化解相关风险。

（一）起吊超过起重机额定载荷的被吊物

1. 主要危害

在实际工作中，由于对被吊物的重量估计不清，或对安全问题不够重视而超载起吊，导致起重机倾覆、相关部件超承应力断裂，如图4-1所示。

图 4-1 起重机强行超载起吊

**2. 应对措施**

禁止超载作业,吊装前核算重量,保证吊车、吊索具等的额定起重量大于计算载荷;检查吊车力矩限制器,应处于完好状态并处于打开状态,有权拒绝违章指挥。

**3. 规范要求**

GB/T 6067.1—2010《起重机械安全规程 第 1 部分:总则》17.2.2 规定了"起重机械不得起吊超过额定载荷的物品,当不知道载荷的精确质量时,负责作业的人员要确保吊起载荷不超过额定载荷"。

**(二)指挥信号不明进行起吊**

**1. 主要危害**

一些情况下,起重机司机的视野不能全面顾及到作业现场状况,若没有明确的指挥信号就起吊,可能有司索人员和相关作业人员不能及时撤出危险区域,导致人员受到挤压碰撞的伤害,如图 4-2 所示。

图 4-2 指挥信息不明情况下进行起吊

2. 应对措施

操作人员在进行起重作业时，必须要听从作业现场指定的指挥人员所发出的指挥信号，没有指挥人员或指挥信号不明时，坚决不进行起吊。

3. 规范要求

GB/T 6067.1—2010《起重机械安全规程　第 1 部分：总则》13.2 "指挥起重机械操作的人员识别，规定指挥起重机械操作的人员（吊装工或指挥人员）应易于为起重机械司机所识别，例如通过穿着明亮色彩的服装或使用无线电传呼信号"。

（三）使用起重机械斜拉歪吊

1. 主要危害

斜拉歪吊过程中损坏安全保护装置，同时还有可能对钢丝绳产生切割，以及对行车结构产生不确定的外力，危害极大，可能出现滑动、翻转、脱落等现象，也可能导致吊车所受力矩加大造成翻车，吊物直立过程发生大的摆动造成碰撞，伤人伤物，如图 4-3 所示。

图 4-3　使用起重机斜拉歪吊

2. 应对措施

禁止斜吊作业，选用更大吨位吊车，消除懒惰心理，清理障碍使吊车靠近被吊物重新支车，满足作业半径要求，使吊钩与被吊物垂直。

3. 规范要求

GB/T 6067.1—2010《起重机械安全规程　第 1 部分：总则》17.2.5d）"对移动载荷的要求，规定起重机械不许斜向拖拉物品（为特殊工况设计的起重机械除外）"。

### （四）吊物固定状态未消除、有附着物进行起吊

**1. 主要危害**

吊装作业中，吊物可能处于与其他固定物焊接、螺栓固定、冰冻粘连、钩挂、交错挤压等连接状态，或存在堆压在其他物件下、埋在地下等载荷不确定的情况，若强行起吊可能导致起重机、吊索具超载荷，发生构筑物坍塌、起重机倾覆、承力部件断裂或吊物摆动等造成人员伤亡事故事件；起吊时未确认被吊物上放置的未固定物品，起吊过程中物品滑落可能砸伤现场作业人员，如图4-4所示。

固定状态未解除

被吊物上有附着物

图4-4　吊物固定状态未消除、有附着物进行起吊

**2. 应对措施**

起吊前应进行检查确认，若发现存在附着物、固定状态未消除，严禁起吊。

**3. 规范要求**

GB 30871—2022《危险化学品企业特殊作业安全规范》9.2.10规定，"吊物质量不明，与其他吊物相连，埋在地下，与其他物体冻结在一起不应起吊"；JGJ 276—2012《建筑施工起重吊装工程安全技术规范》3.0.13规定，"严禁起吊埋于地下或粘接在地上的构件"。

### （五）车前吊物时未打开前支腿

**1. 主要危害**

在车前吊物的工况下，重心会大幅前移，前支腿未打开或未垫枕木，整个车辆的稳定性将受到极大影响，可能导致起重机倾覆，如图4-5所示。

**2. 应对措施**

吊装前，支腿应全部伸出。

图 4-5　车前支腿未打开

**3. 规范要求**

SY/T 6444—2018《石油工程建设施工安全规范》5.11.10 "汽车式起重机作业前，支腿应全部伸出"。

**（六）恶劣环境、光线不足进行吊装**

**1. 主要危害**

在大风、雨雪等恶劣天气下露天进行吊装，或者夜晚、光线不良等情况进行吊装等情况，导致作业过程中存在风险不可能控的情况，如图 4-6 所示。

图 4-6　恶劣环境中进行吊装

**2. 应对措施**

作业前要对环境进行确认，符合安全作业条件方可进行吊装作业。同时，存在光线不良的情况应及时组织现场整改，光线无法满足的情况应停止吊装作业。

**3. 规范要求**

GB/T 6067.1—2010《起重机械安全规程　第 1 部分：总则》17.1 中规定，"当风速超过制造厂规定的最大工作风速时，不允许操作起重机械；起重机械的轨道或结构上结冰或其周围能见度下降的气候条件下操作起重机械时，应减慢速度或提供有效的通讯等手段保证起重机的安全操作；夜班操作起重机时，作业现场应有足够的照度"。

### （七）吊装前不检查、不试吊

#### 1. 主要危害

无法发现前期准备工作的缺陷和不足，留下安全隐患，导致正式吊装作业中发生起重伤害事故。

#### 2. 应对措施

吊装前应按照检查表逐项检查吊装的各项设施是否满足方案和规范要求，不满足时，应及时进行整改。并在正式吊装作业前进行试吊，检查各受力部位情况，无误后方可正式进行吊装作业。

#### 3. 规范要求

GB/T 6067.1—2010《起重机械安全规程　第1部分：总则》17.1中规定，"在每一个工作班开始，司机应试验所有控制装置。如果控制装置操作不正常，应在起重机械运行之前调试和修理；每次起吊接近额定载荷的物品时，应慢速操作，并应先把物品吊离地面较小的高度，试验制动器的制动性能"。

### （八）起重机出杆顺序错误进行吊装作业

#### 1. 主要危害

未按照厂家说明书要求，起重臂伸出后的上节起重臂长度大于下节起重臂长度，可能导致起重力矩检测器检测结果错误，或臂杆受力不合理致使臂杆折断，如图4-7所示。

#### 2. 应对措施

按照起重机操作手册要求顺序出杆或同步出杆。

图4-7　上节起重臂长度大于下节起重臂长度

3. 规范要求

JGJ 276—2012《建筑施工起重吊装工程安全技术规范》4.1.4.8 "起重臂伸出后的上节起重臂长度不得大于下节起重臂长度"。

（九）操作起重机械时，从事分散注意力的其他操作

1. 主要危害

操作时注意力分散，导致不能及时对现场作业情况作出反应，可能发生误操作，或吊运过程起重机突然启动和停止等不平稳操作，造成挤压、碰撞或者吊物滑落等人员伤亡事故，如图 4-8 所示。

图 4-8　操作起重机时接打电话

2. 应对措施

加强现场监管，同时专人指挥，规范指挥手势、信号和语言，合理安排现场区域内作业任务，以保证起重作业规范、有序和安全。

3. 规范要求

GB/T 6067.1—2010《起重机械安全规程　第 1 部分：总则》17.1 "对起重机械安全操作一般要求，规定操作起重机械时，不允许从事分散注意力的其他操作"。

（十）使用有安全缺陷的设施进行吊装

1. 主要危害

起重机吊钩、钢丝绳、绳卡、卷筒、制动系统、液压系统、控制系统等关键部位因承重、使用频率高易存在问题和隐患。同时，因大型吊装作业多为户外作业，吊索具露天长时间使用，增加了吊索具遭挤压、锈蚀等破坏风险，若使用该类有缺

陷的起重机械，作业过程可能导致机械、索具等突然损坏、断裂、塌陷，引发生产安全事故，如图 4-9 所示。

图 4-9　使用有安全缺陷的设施进行吊装

2. 应对措施

按照《中华人民共和国特种设备安全法》《特种设备安全监察条例》等相关法律法规，在有相关检测检验资质的机构定期开展起重机械检验，整改消除设备存在的隐患和问题。同时，应在作业前对现场吊装作业设施进行全面检查，全面防范设施缺陷带来的吊装作业风险。

3. 规范要求

TSG 51—2023《起重机械安全技术规程》中对起重机械定期检验、安装等做出了明确要求；GB/T 6067.1—2010《起重机械安全规程　第 1 部分：总则》中对金属结构、机构及零部件、液压系统、控制及操作系统、电气及安全防护装置等明确了通用要求。

（十一）起重机与输电线路小于规定的安全距离起吊

1. 主要危害

起重机在高压线附近作业，臂架、吊索具、钢丝绳等与高压线距离过近受电场感应作用或碰触高压线，可能造成起重机着火或人员触电。

2. 应对措施

吊装作业前对周边环境进行检查确认，提前制订防范措施，并现场监督验证和督促落实。

**3. 规范要求**

GB 30871—2022《危险化学品企业特殊作业安全规范》："不应靠近高架电力线路进行吊装作业；确需在电力线路附近作业时，起重机械的安全距离应大于起重机械的倒塌半径并符合 DL/T 409—2023《电力安全工作规程 电力线路部分》的要求。不能满足时，应当停电后再进行作业"。

### （十二）主钩、副钩同时吊物

**1. 主要危害**

在抽油机安装过程中，使用履带吊主钩、副钩同时吊装抽油机构件，可能导致歪拉斜吊致使吊物摆动或旋转，致使钢丝绳断裂或挤压人员，如图 4-10 所示。

图 4-10　主钩、副钩同时使用

**2. 应对措施**

用主钩吊装吊物，若吊物不平衡可使用平衡梁。

**3. 规范要求**

JGJ/T 429—2018《建筑施工易发事故防治安全标准》9.0.21"起重机主、副钩不应同时作业"。

### （十三）臂杆变幅超限进行吊装作业

**1. 主要危害**

起重臂趴臂过低过远，司机擅自开启变幅解除开关，导致吊车失去平衡致使倾覆，如图 4-11、图 4-12 所示。

图 4-11 趴臂过远致使倾覆

图 4-12 变幅解除开关示意图

**2. 应对措施**

严格按照操作手册中的吊臂最大仰角规定值操作机械。

**3. 规范要求**

SY/T 6279—2016《大型设备吊装安全规程》9.2.15 "起重机工作时，吊臂的最大仰角不应超过其操作手册中的规定值"。

### （十四）副臂夹角控制不当进行趴臂

**1. 主要危害**

履带吊在趴杆时，若主臂与副臂的夹角未在规定的安全夹角范围内，易致拉杆（拉索）或回转轴承受力过大而损坏，或导致吊车整体力矩失衡，臂杆倾翻，造成伤害事故，如图 4-13 所示。

图 4-13 臂杆倾翻后状态

2. 整改措施

建立严格的监督机制，对操作人员的作业过程进行监督和检查，督促其严格按照起重机操作手册操作机械，发现违规操作及时制止和纠正。

3. 规范要求

Q/SY 08248—2018《移动式起重机吊装作业安全管理规范》5.1.2 "吊装作业应遵循制造厂家规定的最大负荷能力，以及最大吊臂长度限定要求"。

（十五）私自增加或改装起重机配重

1. 隐患分析

配重块私自增加改装后焊接悬挂，或在满配重下加水泥块充当额外配重，可能导致起重机倾覆，如图 4-14、图 4-15 所示。

图 4-14　私自增加配重块的部位　　图 4-15　私自增加水泥块充当配重

2. 防范措施

不得对起重机配重作任何焊接、悬挂重物的方式私自改装，应选用吨位较大的起重机吊物。

3. 规范要求

Q/SY 08248—2018《移动式起重机吊装作业安全管理规范》表 F.2 "是否考虑货物吊装时的平衡方法"。

## 二、司索人员和指挥人员不安全行为

司索人员主要是负责根据相应的工作计划选择适用的吊具和吊装设备，在起重机械的吊具上吊挂和卸下重物，并按计划实施起重机械的移动和重物搬运，其作业情况对被吊物的固定、吊索钩挂连接等安全状况具有较大影响，同时因大量时间在危险区附近操作，作业过程存在较大风险，其不安全行为易导致自身和周边人员受到伤害。指挥人员负有将信号从司索人员传递给司机的责任，因通常只有一人负责该工作，在起吊前检查确认和信号传递方面至关重要，任何环节的疏忽都可能导致误操作等意外发生。以下选取了一些典型的吊装工和指挥人员不安全行为，以供企业在实际作业中参考。

（一）无专人指挥进行吊装

1. 主要危害

未指定专人进行指挥，现场多人指挥起重机，造成人员配合不协调，可能发生操作失误，导致人员伤亡或设备损坏，如图 4-16 所示。

图 4-16　无专人指挥或多人指挥

2. 应对措施

操作人员在进行起重作业时，必须要听从作业现场指定的指挥人员所发出的指挥信号，没有指挥人员或指挥信号不明时，坚决不进行起吊。

3. 规范要求

GB/T 6067.1—2010《起重机械安全规程　第 1 部分：总则》13.2 "指挥起重机械操作的人员识别，规定指挥起重机械操作的人员（吊装工或指挥人员）应易于为起重机械司机所识别，例如通过穿着明亮色彩的服装或使用无线电传呼信号"。

（二）吊装作业时站在吊物下方等危险区域

1. 主要危害

吊装作业过程中，若工作组织、现场管控落实不到位，可能存在作业人员冒险进入吊装危险区域的情况，若起吊物摆动、坠落将造成严重伤亡事故，如图 4-17 所示。

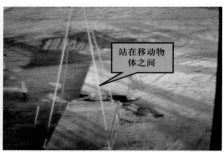

图 4-17　吊装时站在危险区域

## 2. 应对措施

不安全站位涉及违章范围较广，很多员工不能意识到自己的不安全行为，因此在抓好作业现场管控的同时，需要加强教育培训，强调不安全站位的危险性，划定作业区域并在作业前进行警戒隔离。

## 3. 规范要求

GB/T 6067.1—2010《起重机械安全规程　第 1 部分：总则》17.2.5 规定"吊运载荷时，不得从人员上方通过"；SY/T 6279—2016《大型设备吊装安全规程》9.2.20"吊装时所有人员不应在起重机臂下、被吊物下方及手里索具附近通行和停留，任何人员不应随同吊装设备或吊装机具升降"。

## （三）吊物棱刃未加衬垫进行吊装

### 1. 主要危害

吊物棱刃处会对吊索具产生切割作用，不加衬垫的话，容易造成吊索具断裂、吊物脱落的事故，如图 4-18 所示。

图 4-18　棱刃部位未加衬垫

2. 应对措施

现场应备好衬垫，以便及时取用，同时，现场指挥、管理人员要对该项措施落实情况进行督促验证。

3. 规范要求

AQ 3021—2008《化学品生产单位吊装作业安全规范》8.7 "操作人员应遵守的规定，重物捆绑、紧固、吊挂不牢，吊挂不平衡而可能滑动，或斜拉重物，棱角吊物与钢丝绳之间没有衬垫时不得进行起吊"。

## （四）容器内盛有过多液体起吊

1. 主要危害

吊装罐体等容器时，若盛有过多液体，在吊装过程中重心容易发生变动导致吊移过程不稳、摆动，或者导致起重机超载，造成吊索断裂、吊物滑脱等事故，如图 4-19 所示。

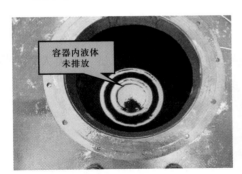

图 4-19　容器内液体未排进行起吊

2. 应对措施

起吊前应排空液体，保持阀门打开状态进行起吊，司索人员、指挥人员应对容器排空情况进行确认后发出信息进行起吊。

3. 规范要求

SH/T 3515—2017《石油化工大型设备吊装工程施工技术规程》的相关规定，企业相关标准规定和作业程序。

## （五）起吊前未检查确认

### 1. 主要危害

起吊前检查确认是避免起重伤害事故的重要一环，主要由现场指挥人员负责、作业人员参与，若起吊前不进行确认，可能导致起吊安全条件不足、环境不良或者配合脱节等情况，造成人员伤害等严重后果。

### 2. 应对措施

起吊前做到"五确认"：（1）确认危险区域无人。（2）确认吊具选择正确。（3）确认吊挂安全可靠。（4）确认物件固定牢靠。（5）确认吊物未被连接。

### 3. 规范要求

GB/T 6067.1—2010《起重机械安全规程　第 1 部分：总则》、SY/T 6279—2016《大型设备吊装安全规程》对吊装作业的相关安全要求。

## （六）吊装作业未设置警戒区

### 1. 主要危害

吊装作业危险区域未进行警戒，可能导致周边其他作业人员、无关人员在吊装过程中误入该区域，从而造成伤害，如图 4-20 所示。

图 4-20　未设置警戒区人员进入危险区域

### 2. 应对措施

现场管理人员应组织作业人员按照施工作业方案合理划定警戒区域，并在区域周围设立警戒线和警示标识，指定专人监护，无关人员及车辆禁止进入。

**3. 规范要求**

SY/T 6279—2016《大型设备吊装安全规程》9.1.2 规定，"吊装作业应在设置的警戒区域内进行，无关人员不应通过或停留"。

**（七）被吊物未牵引绳**

**1. 主要危害**

未牵引绳不易控制吊物的摆动，容易因吊物摆动伤人。不通过牵引绳来控制被吊物，容易导致司索人员距被吊物过近，增加因吊物坠落、摆动伤害的风险，如图 4-21 所示。

图 4-21　被吊物未牵引绳

**2. 应对措施**

吊物起吊必须通过牵引绳来进行控制，合理选择引绳的栓挂位置和方式保证牢靠，同时，在牵引或吊装过程中，应做到平稳牵引，保证作业人员与被吊物之间的安全距离。

**3. 规范要求**

GB 30871—2022《危险化学品企业特殊作业安全规范》9.2.11 规定，"吊物就位时，应与吊物保持一定的安全距离，用拉绳或撑杆、钩子辅助其就位"。

## 第二节　吊装作业常见隐患

吊装作业是一项融合了机械工程学、物理学及人为操作技巧的复杂工作。从高大威猛的起重机伸展巨臂，到纤细却坚韧的吊装绳索承担着重物的重量，每一个部件、每一个动作都紧密关联着整体作业的安全与成效。当我们审视一个个吊装作业现场时，会发现许多看似细微的因素，都有可能演变成影响巨大的安全隐患。

无论是起重机自身的机械故障隐患，如关键部件的磨损、老化或失灵，还是因吊索具选择、使用不当等问题，抑或是作业环境中恶劣天气影响等，都有可能在瞬间打破原本应有的安全秩序。以下主要从吊装设备、吊索具及作业环境三方面列举常见隐患项目，供各企业在吊装作业管控过程中参考，以便及时发现整改作业隐患。

## 一、吊装设备安装、使用、维护、保养不当

### （一）支腿回缩锁定装置失效、不在锁定位置

1. 隐患分析

支腿回缩锁定装置失效或不在锁定位置，可能导致起重机转场途中支腿滑出造成交通事故。支腿液压锁失效引起垂直支腿油缸在吊载时回缩，导致起重机倾覆风险，如图 4-22 所示。

图 4-22　支腿回缩锁定装置不在锁定位置

2. 防范措施

按起重机维护保养手册定期检查机械锁定类装置无变形、缺损、松动，安全、可靠；液压锁定可靠、作用有效。出现故障或失效情况，应及时维修或更换。

3. 规范要求

GB/T 6067.1—2010《起重机械安全规程　第 1 部分：总则》9.2.8 "支腿回缩锁定装置：工作时利用垂直支腿支撑作业的流动式起重机械，垂直支腿伸出定位应

由液压系统实现；且应装设支腿回缩锁定装置，使支腿在缩回后，能可靠地锁定"。GB/T 50484—2019《石油化工建设工程施工安全技术标准》5.4.5 "汽车式起重机作业前，支腿应全部伸出，并在支腿下垫好道木或路基箱，支腿有定位销的应插上定位销"。

（二）水平仪损坏、未安装

1. 隐患分析

水平仪损坏、未安装，无法确保起重机水平度处于安全作业要求之内，可能导致倾覆事故，如图 4-23 所示。

图 4-23 汽车起重机水平仪损坏

2. 防范措施

每班作业前检查水平仪，确认完好有效，如缺失或破损应及时补充更换。

3. 规范要求

GB/T 6067.1—2010《起重机械安全规程 第 1 部分：总则》9.2.12 "利用支腿支承或履带支承进行作业的起重机，应装设水平仪，用来检查起重机底座的倾斜程度"。

（三）起重量限制器缺失、失效

1. 隐患分析

起重量限制器缺失、失效，无法对超载情形发出报警信号，经常性或长时间超载，可导致起重机金属结构断裂、起升机构破坏、吊物坠落等物体打击事故，如图 4-24、图 4-25 所示。

图 4-24　起重量限制器未接线　　图 4-25　电动单梁葫芦起重机缺少起重量限制器

2. 防范措施

根据相关标准规范要求及制造商技术手册建议，对起重量限制器经常性和周期性检查维护。发现起重量限制器失效、损坏、未接线等隐患问题，立即停止吊装作业，对其更换或维修。

3. 规范要求

GB/T 6067.1—2010《起重机械安全规程　第 1 部分：总则》9.3.1 起重量限制器："对于动力驱动的 1t 及以上无倾覆危险的起重机械应装设起重量限制器。对于有倾覆危险的且在一定的幅度变化范围内额定起重量不变化的起重机械也应装设起重量限制器"。

（四）起重机吊钩过度变形、磨损

1. 隐患分析

吊钩开口度超标、扭曲变形、钩底磨损超标、防脱钩装置缺失或失效等隐患可能引发吊钩疲劳断裂、索具脱钩等危险情况，造成吊物坠落物体打击事故，如图 4-26 所示。

2. 防范措施

认真落实作业前检查，并周期性对吊钩进行量测，及时发现吊钩是否存在影响作业安全的隐患，并采取措施对吊钩更新或恢复。禁止使用存在严重隐患吊钩进行吊装作业。

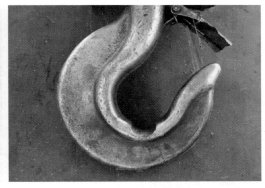

图 4-26 吊钩开口度超标，防脱钩装置脱落（左）钩底磨损严重，防脱钩装置失效（右）

## 3. 规范要求

GB/T 6067.1—2010《起重机械安全规程 第 1 部分：总则》4.2.2.2"起重机械不应使用铸造吊钩"。4.2.2.3"当使用条件或操作方法会导致重物意外脱钩时，应采用防脱绳带闭锁装置的吊钩；当吊钩起升过程中有被其他物品钩住的危险时，应采用安全吊钩或采取其他有效措施"。

## （五）起重机力矩限制器失效

## 1. 隐患分析

起重机力矩限制器失效，可能引发起重机吊装过程中无法控制变幅超载、无法及时报警提醒，导致起重机倾覆或折臂，如图 4-27～图 4-30 所示。

触点偏移

图 4-27 力矩限制器触点锈蚀，不能触发　　图 4-28 力矩限制器触点偏移

图 4-29　调节螺钉与行程开关间距
不符合要求

图 4-30　正常作业时人为打开强制开
关，力矩限制器失效

### 2. 防范措施

禁止正常吊装作业工况过程中，人为开启强制开关。经常性检查力矩限制器有效性，按制造商建议对力矩限制器进行周期性校准。发现力矩限制器失效或损坏，立即停止作业，对力矩限制器进行更新或修复。

### 3. 规范要求

GB/T 6067.1—2010《起重机械安全规程　第 1 部分：总则》9.3.2 "起重力矩限制器额定起重量随工作幅度变化的起重机，应装设起重力矩限制器"。

## （六）桥式起重机大车外侧车轮缺失轨道清扫器

图 4-31　桥式起重机大车外侧车轮缺失轨
道清扫器

### 1. 隐患分析

当物料有可能在轨道上成为运行的障碍时，可能导致车轮卷入异物，造成车轮损坏甚至脱轨事故，如图 4-31 所示。

### 2. 防范措施

暂停使用，按要求加装缺失的轨道清扫器。

### 3. 规范要求

GB/T 6067.1—2010《起重机械安全规

程　第 1 部分：总则》9.6.2 "轨道清扫器：当物料有可能积存在轨道上成为运行的障碍时，在轨道上行驶的起重机和起重小车，在台车架（或端梁）下面和小车架下面应装设轨道清扫器，其扫轨板底面与轨道顶面之间的间隙一般为 5～10mm"。

（七）车轮啃轨，桥、门式起重机大车运行啃轨导致车轮轮缘磨损严重

1. 隐患分析

车轮轮缘与轨道侧面接触产生水平侧向推力，引起轮缘与轨道的摩擦及磨损，造成啃轨，降低车轮的使用寿命，磨损轨道，磨损严重时存在脱轨风险，如图 4-32、图 4-33 所示。

图 4-32　桥式（左）、门式（右）起重机大车运行啃轨导致车轮轮缘磨损严重

图 4-33　桥式起重机啃轨过程

2. 防范措施

发生啃轨后，及时处理，检修或更换车轮，对车轮跨度、对角线和同位差进行调整，对大车传动机构进行调整，根据对大车运行轨道的检测结果调整或更换轨道。

3. 规范要求

GB/T 6067.1—2010《起重机械安全规程　第 1 部分：总则》4.2.7 "在钢轨上工作的车轮报废标准"。

（八）两台及以上的起重机械或起重小车在同一轨道上，防碰撞装置缺失或失效

**1. 隐患分析**

防碰撞装置缺失或失效，存在起重机两台以上大车或小车高速互撞脱轨的隐患。

**2. 防范措施**

两台或两台以上的起重机械或起重小车运行在同一轨道上，装设半导体红外激光探测定位、雷达探测、行走限制开关等防碰撞装置，配合缓冲器实现同轨道起重机械防撞，如图4-34、图4-35所示。

(a) 减速　　　　　　　　　　　　　(b) 停止

图4-34　防碰撞系统与缓冲器配合

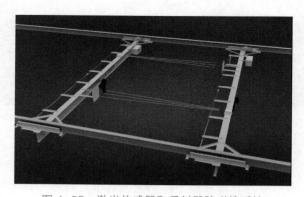

图4-35　激光传感器和反射器防碰撞系统

**3. 规范要求**

GB/T 6067.1—2010《起重机械安全规程　第1部分：总则》9.2.9防碰撞装置："当两台或两台以上的起重机械或起重小车运行在同一轨道上时，应装设防碰撞装

置。在发生碰撞的任何情况下，司机室内的减速度不应超过 5m/s$^2$"。

（九）抗风防滑装置失效或缺失

1. 隐患分析

室外工作轨道式起重在强风天气下，如果缺失夹轨器、轮边制动器、顶轨器及锚定装置，在风力和惯性作用下可能损坏主体结构，甚至导致脱轨倒塌。

2. 防范措施

按要求装设所需类型抗风防滑装置，并进行周期性检查维护，确保其有效性。

3. 规范要求

GB/T 6067.1—2010《起重机械安全规程　第 1 部分：总则》9.4.2 "室外工作的轨道式起重机应装设可靠的抗风防滑装置，并应满足规定的工作状态和非工作状态抗风防滑要求"。9.4.3 "工作状态下的抗风制动装置可采用制动器、轮边制动器、夹轨器（如图 4-36 所示）顶轨器、压轨器、别轨器等，其制动与释放动作应考虑与运行机构联锁并应能从控制室内自动进行操作"。9.4.5 "起重机只装设抗风制动装置而无锚定装置的，抗风制动装置应能承受起重机非工作状态下的风载荷；当工作状态下的抗风制动装置不能满足非工作状态下的抗风防滑要求时，还应装设牵缆式（如图 4-37 所示）、插销式或其他形式的锚定装置。起重机有锚定装置时，锚定装置应能独立承受起重机非工作状态下的风载荷"。

图 4-36　门式起重机电动液压夹轨器

图 4-37　门式起重机非工作状态锚定装置

（十）制动轮表面有可见裂纹

1. 隐患分析

制动轮表面有可见裂纹，可能导致制动失效，如大车制动器失效，可能导致大

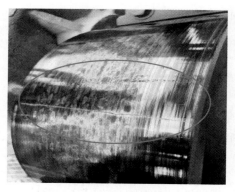

图 4-38　桥式起重机起升机构制动轮表
面有可见裂纹

车滑车，行走轮啃轨、停车定位不准。如小
车制动器失效，可能导致小车滑车，停车定
位不准。起升机构制动器失效，可能导致升
降滑车，吊物坠落伤人，如图 4-38 所示。

2. 防范措施

立即停止使用，更换新的制动轮。

3. 规范要求

GB/T 6067.1—2010《起重机械安全规程
第 1 部分：总则》4.2.6.7 "e)制动轮报废标准"。

## （十一）门限位联锁保护装置缺失

### 1. 隐患分析

缺失门限位联锁保护装置，如有人员正登上桥架的舱口门，起重机同时开始运
行，会引发起重司机或检修人员安全风险，如图 4-39 所示。

图 4-39　门限位联锁保护装置缺失

### 2. 防范措施

发现隐患应及时恢复门限位联锁保护装置功能，当门打开时，起重机的运行机
构不能开动。司机室设在运动部分时，进入司机室的通道口，应设联锁保护装置。
当通道口的门打开时，起重机的运行机构不能开动。

### 3. 规范要求

GB/T 6067.1—2010《起重机械安全规程　第 1 部分：总则》9.5.1 "进入桥式起

重机和门式起重机的门，和从司机室登上桥架的舱口门，应能联锁保护，当门打开时，应断开由于机构动作可能会对人员造成危险的机构的电源"。

（十二）塔机回转限位器失效

1. 隐患分析

回转限位失效，无法限制塔机在一定回转角度范围内，造成电源电缆严重缠绕甚至扭断，如图 4-40 所示。

图 4-40　回转限位器小齿轮缺失

2. 防范措施

立即停止使用，重新安装回转限位器并调试合格。

3. 规范要求

GB/T 5031—2019《塔式起重机》5.6.4 "回转处不设集电器供电的塔机，应设置正反两个方向回转限位开关，开关动作时臂架旋转角度应不大于 ±540°"。

（十三）塔机小车断绳保护装置缺陷

1. 风险分析

变幅小车断绳保护装置变形，用铁丝捆扎断绳保护装置或一侧缺失，小车断绳保护装置不起作用，可能导致起重臂折臂或塔机倾翻，如图 4-41、图 4-42 所示。

2. 整改措施

立即停止使用，按要求更换变形的撞杆或加装双向断绳保护装置，恢复小车断绳保护装置功能。

图 4-41　用铁丝捆扎断绳保护装置　　　　图 4-42　一侧缺失断绳保护装置

**3. 规范要求**

JGJ 160—2016《施工现场机械设备检查技术规范》7.4.18 "小车变幅的塔机变幅的双向均应设置断绳保护装置和断轴保护装置，且动作应灵敏、有效"。

**（十四）塔式起重机缺失防小车坠落装置**

**1. 隐患分析**

小车滚轮轴断裂后无保护直接从大臂上坠落，有可能引起塔吊倾覆，如图 4-43 所示。

图 4-43　塔式起重机缺失防小车坠落装置

**2. 防范措施**

停止使用，按要求加装防小车坠落装置。

**3. 规范要求**

TSG 51—2023《起重机械安全技术规程》A5.6 防小车坠落装置："塔式起重机的变幅小车及其他起重机要求防坠落的小车，应当装设小车运行时不脱轨的装置，即使小车车轮轴断裂，小车也不能坠落"。

## （十五）塔机变幅钢丝绳绳端楔形接头固定穿绳方向错误

**1. 隐患分析**

图 4-44　楔形接头穿绳方向错误

钢丝绳绳端楔形接头固定穿绳方向错误，受力钢丝绳与受力方向不在一条直线上，受力时会自行转动，钢丝绳会在楔套根部产生弯折，从而降低钢丝绳的循环疲劳寿命，加速损坏，如图 4-44 所示。

**2. 防范措施**

采用楔形接头固定时，钢丝绳工作段位于楔套直边侧，钢丝绳尾端位于楔套斜边侧。

**3. 规范要求**

GB/T 5973—2006《钢丝绳用楔形接头》附录 A 楔形接头的连接方法，如图 4-45 所示。

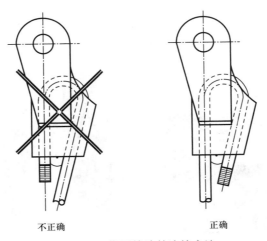

不正确　　　　　　　正确

图 4-45　楔形接头的连接方法

（十六）塔机爬升防脱锁定装置缺失、损坏

1. 隐患分析

顶升横梁防脱装置防脱销缺失，可能导致顶升横梁退出脱落，塔机坍塌坠落，如图 4-46 所示。

2. 防范措施

立即停止使用，补装顶升横梁防脱装置防脱销。

3. 规范要求

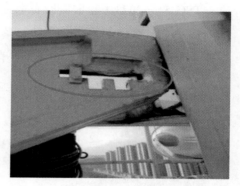

图 4-46　爬升防脱锁定装置缺失

TSG 51—2023《特种设备安全技术规程》A5.8 "（1）爬升式塔式起重机，应当配置直接作用于其上的预定工作位置锁定装置（具备爬升装置防脱功能），在加节、降节作业中，塔式起重机未达到稳定支撑状态被人工解除锁定前，即使爬升装置有意外卡阻，爬升支撑装置也不应当从支撑处（踏步或者爬梯）脱出。（2）爬升式塔式起重机换步支撑装置工作承载时，应当设有预定工作位置保持功能或者锁定装置"。GB 5144—2006《塔式起重机安全规程》6.11 "顶升式塔机应具有防止塔身在正常加节、降节作业时，顶升横梁从塔身支承中自行脱出的功能"。

（十七）幅度限位器（幅度指示器）损坏或缺失

1. 隐患分析

幅度限位器损坏或缺失，可能导致塔机变幅小车无法在距离端部 2m 时提前减速并停止，有冲出轨道风险，如图 4-47、图 4-48 所示。

图 4-47　塔式起重机幅度限位器损坏

图 4-48　小车后向幅度限位器不起作用

2. 防范措施

发现幅度限位器损坏或缺失，应暂停使用，及时修复或更换。

3. 规范要求

GB/T 6067.1—2010《起重机械安全规程  第 1 部分：总则》9.2.3.1 "对动力驱动的动臂变幅的起重机（液压变幅除外），应在臂架俯仰行程的极限位置处设臂架低位置和高位置的幅度限位器"。9.2.3.2 "对采用移动小车变幅的塔式起重机，应装设幅度限位装置以防止可移动的起重小车快速达到其最大幅度或最小幅度处。最大变幅速度超过 40m/min 的起重机，在小车向外运行且当起重力矩达到额定值的 80% 时，应自动转换为低于 40m/min 的低速运行"。GB/T 5031—2019《塔式起重机》5.6.2.2 "小车变幅的塔机，应设置小车行程限位开关和终端缓冲装置。限位开关动作后应保证小车停车时其端部距缓冲装置最小距离为 200mm"。GB/T 14560—2022《履带起重机》4.8.2.3 "采用钢丝绳变幅的起重机应配置幅度限位器。臂架在极限位置时，控制系统应自动停止变幅向危险方向动作"。

（十八）变幅小车滑轮轴磨损严重

1. 隐患分析

变幅小车滑轮轴磨损严重，可导致吊装作业过程中滑轮轴断裂，造成吊物坠落物体打击事故，如图 4-49 所示。

图 4-49　塔机变幅小车滑轮轴磨损严重

2. 防范措施

立即停止使用，更换滑轮轴，并按要求调整钢丝绳与滑轮防脱绳装置的间隙。

3. 规范要求

JGJ 196—2010《建筑施工塔式起重机安装、使用、拆卸安全技术规程》2.0.16 "塔式起重机在安装前和使用过程中，发现有下列情况之一的，不得安装和使用：3）连接件存在严重磨损和塑性变形的"。

（十九）风速仪损坏或缺失

1. 隐患分析

缺乏大风报警信息，可能导致起重机倾覆，如图 4-50 所示。

图 4-50　风速仪损坏，不起作用

2. 防范措施

及时替换已损坏的风速仪，日常检查确保风杯转动无卡阻，显示仪显示正常。

3. 规范要求

GB/T 5031—2019《塔式起重机》"除起升高度低于 30m 的自行架设塔机外，塔机应配备风速仪，当风速大于工作允许风速时，应能发出停止作业的警报"。GB/T 6067.1—2010《起重机械安全规程　第 1 部分：总则》9.6.1.1 "对于室外作业的高大起重机应安装风速仪，风速仪应安置在起重机上部迎风处"。9.6.1.2 "对室外作业的高大起重机应装有显示瞬时风速的风速报警器，且当风力大于工作状态的计算风速设定值时，应能发出报警信号"。

（二十）大车滑触线侧防护板断裂

1. 隐患分析

小车在端部极限位置时因吊具或钢丝绳摇摆与滑触线意外接触，存在触电可能，如图4-51所示。

图4-51 大车滑触线侧防护板断裂

2. 防范措施

暂停使用，及时修复破损滑触线防护板。

3. 规范要求

GB/T 6067.1—2010《起重机械安全规程 第1部分：总则》9.6.5.1 "桥式起重机司机室位于大车滑触线一侧，在有触电危险的区段，通向起重机的梯子和走台与滑触线间应设置防护板进行隔离"。

（二十一）起升钢丝绳卷筒乱绳

1. 隐患分析

钢丝绳预紧力不足、起吊时斜拉歪拽、吊物摆动幅度过大、升降吊物同时移动大车、吊装过程中索具断裂等情况可能导致卷筒乱绳，存在钢丝绳挤压、磨损剧烈导致破断吊物坠落风险，如图4-52~图4-54所示。

2. 防范措施

吊装前确认索具状态和绑扎方式，确保安全可靠，禁止斜拉歪拽等违章吊装行为，发现乱绳及时整改，增大预紧力，重新排绳，如乱绳后达到钢丝绳报废极限，应及时更换。

图 4-52 桥式起重机起升卷筒乱绳

图 4-53 电动单梁葫芦起升卷筒乱绳

(a) 钢丝绳跳出滚筒挡板

(b) 钢丝绳破断

图 4-54 塔机起升卷筒乱绳，钢丝绳跳出卷筒挡板、发生破断

3. 规范要求

GB/T 6067.1—2010《起重机械安全规程 第 1 部分：总则》4.2.4.1 "钢丝绳在卷筒上应能按顺序整齐排列。只缠绕一层钢丝绳的卷筒，应作出绳槽。用于多层缠绕的卷筒，应采用适用的排绳装置或便于钢丝绳自动转层缠绕的凸缘导板结构等措施"。

（二十二）卷筒槽间磨损锐化，有切割钢丝绳导致负载坠落隐患

1. 隐患分析

起升钢丝绳造成卷筒槽间磨损锐化，如频繁斜拉起吊，可能切割钢丝绳导致负载坠落隐患，如图 4-55 所示。

2. 防范措施

按要求周期性检查卷筒状态，发现影响性能的裂纹或绳槽磨损超标及时报废并更换卷筒。

3. 规范要求

GB/T 6067.1—2010《起重机械安全规程 第 1 部分：总则》4.2.4.5 "卷筒出现

下述情况之一时，应报废：a）影响性能的表面缺陷（如：裂纹等）；b）筒壁磨损达原壁厚的 20%"。

图 4-55 卷筒槽间磨损锐化隐患发生部位

（二十三）起重机的变幅机构缓冲装置缺失或失效，轨道端部止挡缺损或失效

1. 隐患分析

长时间使用过程中，起重机或小车运行行程限位失灵，多次撞击使缓冲装置破损，甚至脱落，缓冲器超期服役，磨损严重，如伴随轨道端部止挡缺损，存在大车、小车脱轨风险，如图 4-56～图 4-59 所示。

2. 防范措施

起重机或小车运行至接近终点时，应降低速度，严禁用限位装置作停车手段使用。发现缓冲装置或端部止挡损坏、缺失，及时进行修复、更换。

图 4-56 桥式起重机大车缓冲装置失效

图 4-57 塔机小车止挡缓冲装置缺损

图 4-58 门式起重机大车端部止挡缺失

图 4-59 红外线限位开关挡板脱落，警报器
未接线；缓冲器缺失

### 3. 规范要求

GB/T 6067.1—2010《起重机械安全规程 第 1 部分：总则》9.2.2 "运行行程限位器起重机和起重小车（悬挂型电动葫芦运行小车除外），应在每个运行方向装设运行行程限位器，在达到设计规定的极限位置时自动切断前进方向的动力源。在运行速度大于 100m/min 或停车定位要求较严的情况下，宜根据需要装设两级运行行程限位器，第一级发出减速信号并按规定要求减速，第二级应能自动断电并停车"。9.2.10 缓冲器及端部止挡："在轨道上运行的起重机的运行机构、起重小车的运行机构及起重机的变幅机构等均应装设缓冲器或缓冲装置。缓冲器或缓冲装置可以安装在起重机上或轨道端部止挡装置上。轨道端部止挡装置应牢固可靠，防止起重机脱轨"。TSG 51—2023《起重机械安全技术规程》"起重机械上使用聚氨酯材质的缓冲器，在安装使用期满 5 年时，应当更换"。

### （二十四）起升高度限位器故障、失效、缺失

#### 1. 隐患分析

起升高度限位器故障、失效、缺失等情况，伴随操作人员有用高度限制器停钩的不良习惯，可能导致吊钩冲顶坠落造成物体打击的事故，如图 4-60～图 4-62 所示。

#### 2. 防范措施

每班作业前检查起升高度限位器，确保灵敏有效，发现缺失、损坏等情况，立即安装或更换。操作人员提升吊钩应保持在视线范围内，在吊钩接近吊臂顶部的时

候，要减慢吊钩起升的速度，避免吊钩上升速度过快，在起升高度限位开关失灵的情况下挤坏滑轮。禁止利用限位器停钩。

图 4-60　高度限位器破损失效（塔式）

图 4-61　高度限位功能失效
（吊钩顶部装置与小车架下端不足 800mm）

图 4-62　高度限位器未接线

**3. 规范要求**

GB/T 6067.1—2010《起重机械安全规程　第 1 部分：总则》9.2.1"起升机构均应装设起升高度限位器"。TSG 51—2023《特种设备安全技术规范》A5.1"桥式、门式起重机应当同时安装两种不同形式的高度限位装置，如重锤式、断火式、压板式高度限位器等其中的两种。对于安装了传动式高度限位器（如齿轮、蜗轮蜗杆传动式高度限位器等）的，则不要求设置双限位"。

**（二十五）滑轮防跳槽装置缺失，滑轮损坏开裂**

**1. 隐患分析**

滑轮防跳槽装置缺失，滑轮损坏开裂，存在钢丝绳跳槽被滑轮切割隐患，可能导致吊物坠落伤人事故，如图 4-63、图 4-64 所示。

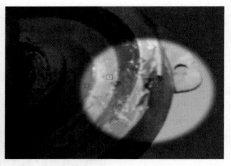

图 4-63 汽车起重机臂端滑轮防跳槽装置缺失，滑轮损坏开裂

图 4-64 塔机导向滑轮防跳槽装置缺失

2. 防范措施

按要求每班作业前检查滑轮防跳槽装置是否完好有效，如有缺损立即重新安装补齐，及时更换破损滑轮。

3. 规范要求

GB/T 6067.1—2010《起重机械安全规程 第 1 部分：总则》4.2.5.1 "滑轮应有防止钢丝绳脱出绳槽的装置或结构"。4.2.5.3 "滑轮出现下述情况之一时，应报废：a）影响性能的表面缺陷（如：裂纹等）"。

## 二、吊索具隐患

### （一）钢丝绳严重磨损、锈蚀、断丝、断股

1. 隐患分析

起重机钢丝绳劣化明显，出现断股、波浪、压扁、扭结、弯折、锈蚀等缺陷，

未及时更换或判废，可能导致吊装作业过程中钢丝绳断裂，发生物体打击伤害事故，如图 4-65 所示。

| (a) 锈蚀 | (b) 断丝 | (c) 断股 |
| (d) 压扁 | (e) 绳股挤出 | (f) 松股 |

图 4-65 起重机钢丝绳常见磨损

2. 防范措施

根据起重机制造商、钢丝绳制造商或供货商提供的使用说明，参考钢丝绳报废相关标准，主管人员应对不同劣化模式进行综合影响评估，发现钢丝绳的劣化速度有明显的变化，即对其原因展开调查，采取纠正措施。情况严重时，主管人员可以根据评估结果决定报废钢丝绳，或缩短下次定期检查的时间间隔。较长钢丝绳中相对较短的区段出现劣化的情况下，如果受影响的区段能够按要求移除，并且余下的长度能满足工作要求，主管人员可决定不报废整根钢丝绳。

3. 规范要求

GB/T 5972—2023《起重机 钢丝绳 保养、维护、检验和报废》第 6 章报废基准。SY/T 7654—2021《石油天然气钻采设备　钢丝绳吊索》D.3.1 吊索报废标准。Q/SY 02013—2016《石油钻机钢丝绳索具配套与使用规范》5.4 钢丝绳索具报废标准。

（二）吊带存在擦伤、割口、化学侵蚀、热损伤、摩擦损伤

### 1. 隐患分析

吊带存在严重的表面擦伤、割口、化学侵蚀、热损伤、摩擦损伤等，仍继续使用，可能造成吊装过程中吊带破断，出现物体打击事故风险，如图 4-66～图 4-75 所示。

### 2. 防范措施

根据制造商提供的吊带使用信息，正确贮存吊带，防止其表面腐蚀和紫外线损伤，对在用吊带进行使用前和使用过程中的检查，辨识影响吊带安全使用的损伤和缺陷，及时对缺陷吊带进行降级或报废，正确选择和使用吊带，选用恰当的绳索方式，避免吊带损伤过早出现。

图 4-66　标识缺损或辨识不清

图 4-67　吊带表面存在酸碱腐蚀出现孔洞

图 4-68　使用不当吊带打结

图 4-69　保存不当造成紫外线损伤

图 4-70　圆形吊带承载芯裸露

图 4-71　热损伤导致圆形吊带封套破损

图 4-72　扁平吊带有明显割口

图 4-73　端配件腐蚀、损伤、变形

图 4-74　锐边接触位置未做防护

图 4-75　吊钩直径过小，与织带环眼结合不充分

### 3. 规范要求

JB/T 8521.1—2007《编制吊索　安全性　第 1 部分：一般用途合成纤维扁平吊装带》B.7 "定期对吊装带进行彻底检查和维护"；D.2.3 "影响吊装带继续安全使用可能产生的缺陷或损伤的情况"。D.3.5 "吊装带应正确放置，以安全的方式连接到物品。并保证吊装带宽度方向均匀承载。吊装带不应打结或弯曲"。D.3.7 "应防止吊装带被物品或提升装置的锐边割破、摩擦及磨损。防护锐边和 / 或磨损损伤的保护及加固的零件应为吊装带的一部分，并应正确安排其位置。必要时对该零件进行额外的保护"。

### （三）卸扣变形、选型不当、安装失误

#### 1. 隐患分析

卸扣使用过程中磨损变形严重、选型不当、安装失误、与吊索具连接反向等可能引发卸扣失效断裂、销轴旋出使吊物坠落，导致物体打击事故风险，如图 4-76～图 4-78 所示。

#### 2. 防范措施

卸扣使用前和使用中经常检查卸扣外观形态，选择正确的索具连接方式，注意卸扣与吊索具连接位置和方向，发现影响使用安全的因素，及时停用、更换卸扣。

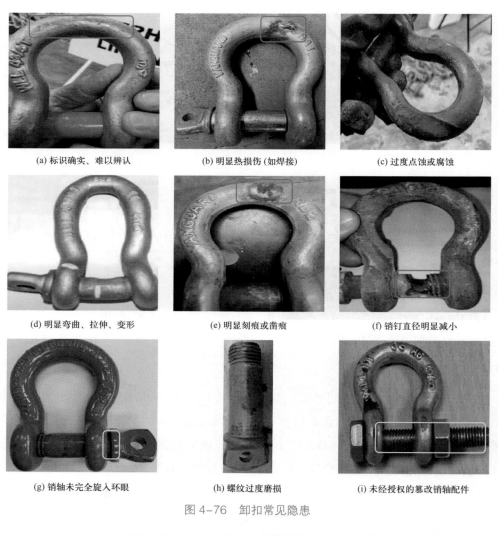

(a) 标识确实、难以辨认　　　　(b) 明显热损伤（如焊接）　　　　(c) 过度点蚀或腐蚀

(d) 明显弯曲、拉伸、变形　　　　(e) 明显刻痕或凿痕　　　　(f) 销钉直径明显减小

(g) 销轴未完全旋入环眼　　　　(h) 螺纹过度磨损　　　　(i) 未经授权的篡改销轴配件

图 4-76　卸扣常见隐患

(a) 索具连接正确　　　　　　　　(b) 索具连接错误

图 4-77　钢丝绳、吊带等索具环眼应与卸扣销轴相连，不应与扣体连接

(a) 卸扣安装正确　　　　　　　　　　　　(b) 卸扣安装错误

图 4-78　多支吊索应与扣体连接，不应与销轴相连

### 3. 规范要求

SH/T 3515—2017《石油化工大型设备吊装工程施工技术规程》7.2.3 吊装用的卸扣要求。

### （四）吊钩和索具连接点与吊物质心不在一条垂线上

### 1. 隐患分析

吊物质心确定有误，吊钩和索具连接点与吊物质心不在一条垂线上，存在起吊时吊物悠摆和一侧索具超载断裂可能，造成物体打击的事故，如图 4-79 所示。

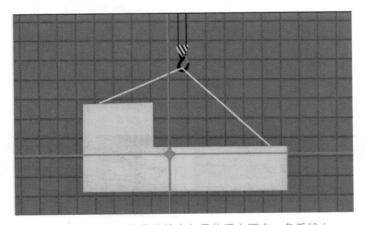

图 4-79　吊钩和索具连接点与吊物质心不在一条垂线上

### 2. 防范措施

通过吊物相关参数计算出其质心所在位置，通过试吊的方法进一步论证质心计算是否正确。如存在偏差，及时调整。

3. 规范要求

GB/T 6067.1—2010《起重机械安全规程　第1部分：总则》17.2.1 "为了保证起吊的稳定性，应通过各种方式确认起吊载荷质心，确立质心后，应调整起升装置，选择合适的起升系挂位置，保证载荷起升时均匀平衡，没有倾覆的趋势"。

（五）索具捆绑不当，吊物散落、滑移可能

1. 隐患分析

利用吊物自身的捆扎点作为索具钩挂位置，使用吊篮式结索法或单圈穿套结索法捆绑管子束、钢筋束等松散负载及表面光滑易滑移的负载，吊装过程中可能出现吊物散落、滑移，造成物体打击事故，如图4-80～图4-82所示。

2. 防范措施

根据吊物形态特点，制定结索方案，使用状态良好的索具，吊装过程中发现有索具滑脱风险，立即终止吊装作业，调整结索方式或更换索具。

图4-80　利用钢筋打捆钢丝做索具挂点，吊装中钢丝断裂、钢筋散落

(a)　　　　　　　　　　　　　(b)

图4-81　平衡梁加普通吊篮结索法无法固定松散货物

(a) 滑移前　　　　　　　　　　　　(b) 滑移后

图 4-82　表面光滑的负载，双肢单圈穿套结索，容易产生索具滑移

**3.规范要求**

GB/T 39480—2020《钢丝绳吊索　使用和维护》4.2.5 吊索不应在地面上拖拽，且不应在使用说明书规定以外的温度环境条件下使用。4.2.6 负载着陆时，宜使用木质托架或类似材料支撑，应提前考虑起吊路径，地面强度和空间大小，预防周围电线，管路的影响，如图 4-83 所示。

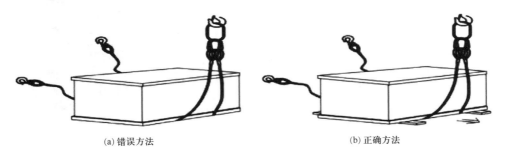

(a) 错误方法　　　　　　　　　　　(b) 正确方法

图 4-83　支撑负载的木制托架

**（六）吊链打结、扭曲、腐蚀、热损伤、伸长**

**1.隐患分析**

吊链使用过程中打结、扭曲、腐蚀、热损伤、伸长等影响安全使用的损伤或不当使用方法，存在索具断裂物体打击风险，如图 4-84～图 4-86 所示。

**2.防范措施**

根据制造商的建议和相关标准对在用吊链进行经常性检查和定期检查，发现影响使用安全的缺陷，应立即停用进行维修。避免不当使用吊链和使用有缺陷吊链，造成吊链使用过程中断裂风险，应正确贮存吊链以防磨损腐蚀。

### 3. 规范要求

GB/T 22166—2008《非校准起重圆环链和吊链 使用和维护》第 5 章载荷的搬运应避免的不当操作。

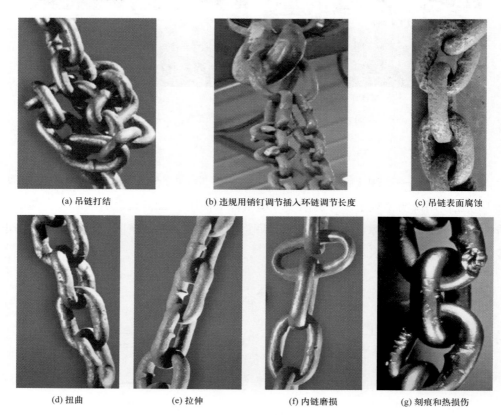

(a) 吊链打结　　　　　(b) 违规用销钉调节插入环链调节长度　　　　　(c) 吊链表面腐蚀

(d) 扭曲　　　　(e) 拉伸　　　　(f) 内链磨损　　　　(g) 刻痕和热损伤

图 4-84　吊链常见隐患

(a) 未使用索具护角　　　　　　(b) 正确使用索具护角

图 4-85　吊链与吊物棱角接触使用方法

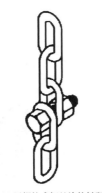  

(a) 用螺栓或钢丝连接链环　　　(b) 将链环挂在钩尖上　　　(c) 将链条在吊钩上多次缠绕

图 4-86　应避免的常见不当操作举例

## （七）钢板夹钳出现使用不当、选择错误、夹紧装置磨损

### 1. 隐患分析

钢板夹钳使用不当、选择错误、夹紧装置磨损、钢板吊件表面存在油脂、污垢等情况可能造成钢板夹钳使用过程中脱落，造成物体打击风险，如图 4-87～图 4-90 所示。

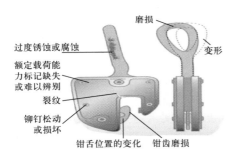

图 4-87　钢板夹钳常见磨损

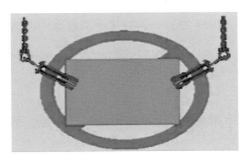

图 4-88　对竖吊钢板夹钳施加侧向载荷

(a) 钢板没有完全进入夹钳根部

(b) 钢板完全进入夹钳根部

图 4-89　钢板夹钳使用不当情形

(a) 工字钢手动夹钳——可用于提升I型、　　(b) 左工字钢手动夹钳，右为竖吊钢板手动夹钳（右侧
H型横梁和角钢，可水平和垂直移动　　　只适合垂直运输钢板，不能用于I、H型梁等提升）

图 4-90　工字钢手动夹钳和竖吊钢板手动夹钳的对比（两者容易误用）

### 2. 防范措施

根据吊物形态和移动需求，选择功能正确的钢板钳，使用前检查夹紧装置有效性、吊件表面状况，如有影响安全的因素，按钢板钳制造商提供的技术手册和相关标准对钢板钳调整、维修或更换。

### 3. 规范要求

JB/T 7333—2013《手动起重用夹钳》8.1-8.7 手动夹钳使用、选型、报废标准。

### （八）吊环螺栓锈蚀、磨损、选型和连接不当

### 1. 隐患分析

吊环螺栓使用中可能由于腐蚀、磨损、强度和韧度未达要求、尺寸不合适或装配错误、选用不正确、索具连接不当、使用信息不全等因素，导致吊环螺栓破断，造成物体打击风险，如图 4-91～图 4-94 所示。

### 2. 防范措施

选用经过出厂试验合格、使用信息齐全、尺寸适合的吊环螺栓，正确装配，按制造商技术文件和相关标准推荐的方式正确连接索具。

### 3. 规范要求

GB/T 27696—2011《一般起重用 4 级锻造吊环螺栓》A.2.2 "装配成对吊环螺栓使用要求"。A.3 "检查：吊环螺栓定期检查注意事项"。

(a) 标识不清     (b) 明显的热损伤（如焊接）     (c) 表面过度腐蚀

(d) 螺栓弯曲变形     (e) 螺纹磨损     (f) 未经授权的改装、焊接

图 4-91 吊环螺栓常见磨损情形

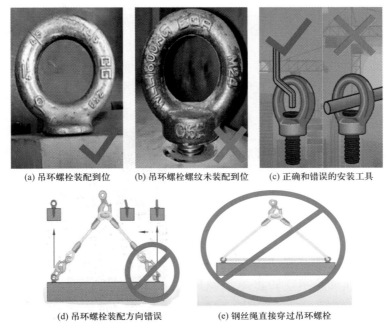

(a) 吊环螺栓装配到位     (b) 吊环螺栓螺纹未装配到位     (c) 正确和错误的安装工具

(d) 吊环螺栓装配方向错误     (e) 钢丝绳直接穿过吊环螺栓

图 4-92 常见装配、连接错误

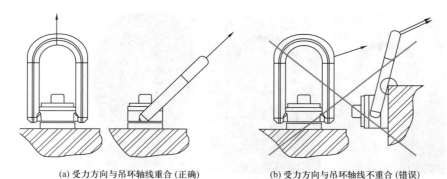

(a) 受力方向与吊环轴线重合 (正确)　　　(b) 受力方向与吊环轴线不重合 (错误)

图 4-93　旋转吊环螺栓受力方向正确和错误对比

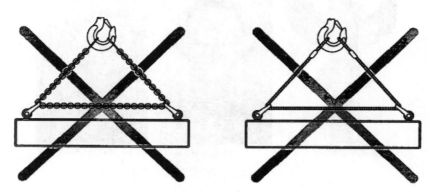

图 4-94　成对吊环螺栓错误使用方法

## 三、作业环境隐患

### (一) 风速超过工作或非工作限值要求，起重机倾覆风险

#### 1. 隐患分析

风速超过制造商规定的工作或非工作最大风速时，受到大量的风载荷作用，操作或架设起重机存在倾覆风险，如图 4-95 所示。

#### 2. 防范措施

严格遵循制造商的建议风速下作业，参考相应标准和规范要求，超出风速限值，立即停止作业，做好相应的锚固、防倾覆措施。

图 4-95　塔机在大风作用下倾覆

3. 规范要求

JGJ 33—2012《建筑机械使用安全技术规程》4.1.14 在 "风速达到 9m/s 及以上或大雨、大雪、大雾等恶劣天气时，严禁进行建筑起重机械的安装拆卸作业"。4.1.15 "在风速达到 12m/s 及以上或大雨、大雪、大雾等恶劣天气时，应停止露天的起重吊装作业"。

（二）地基承载能力不足，起重机倾覆风险

1. 隐患分析

地基承载能力不足、临近斜坡、沟渠作业，垫板强度和尺寸不足，支腿未完全伸出等，导致支腿下陷，支腿未完全伸出等，导致支腿下陷，起重机倾覆风险，如图 4-96 所示。

(a) 水平支腿未完全伸出

(b) 支腿支撑在空穴上

(c) 地下存在空穴的地面

(d) 地面不够坚实平整，垫板强度不足

(e) 物体支撑水平支腿，支腿抗倾覆力矩下降

图 4-96 承载地基常见隐患

2. 防范措施

起重机不得设置在会导致沉陷、滑移或倾覆的松软地面上，并且也不得设置在坑洞、堤岸或斜坡的边缘处。若必须设置在松软的地面上，为了防止倾覆，要在支腿盘下面垫上强度和尺寸足够的木板或钢板，以使载荷分散。支腿与凹坑、斜坡、沟渠、挖掘地和其他机器等必须保持一段安全距离。总是将支腿最大伸出设置，即使在最小

或中间伸出能够作业的场合，原则上也应将支腿设置成最大伸出。如果绝对需要使用最小或中间伸出，则必须使用与伸出宽度相对应的性能，并进行安全分析和评估。

3. 规范要求

SY/T 6279—2016《大型设备吊装安全规程》9.1.6 "起重机在沟边或坑边作业时，应与其保持必要的安全距离，一般不小于坑深的 1.2 倍"。GB/T 6067.1—2010《起重机械安全规程 第 1 部分：总则》15.2 "起重机械竖立或支撑条件：指派人员应确保地面或其他支撑设施能承受起重机械施加的载荷，主管人员应对此作出评估。起重机械在工作状态、非工作状态和在安装、拆卸过程中产生的载荷应从起重机械制造商或起重机械设计、制造方面的权威机构获得"，如图 4-97、表 4-1 所示。

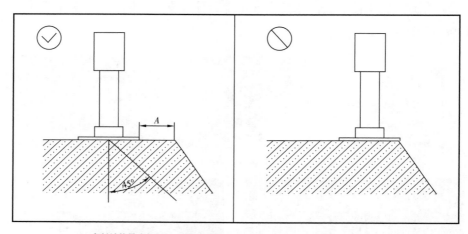

(a) 离斜坡的最小间距A：支腿压力≤12t时，A>1m；支腿压力>12t时，A>2m

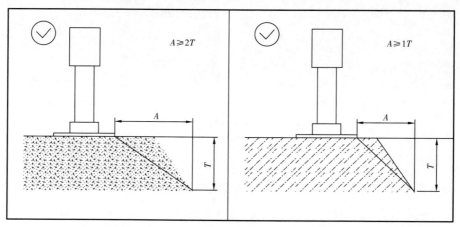

(b) 离坑的安全间距A：松的、回填地面时，A≥2T（T为坑深）；实心地面时，A≥T（T为坑深）

图 4-97　汽车起重机液压支腿与坑边最小安全距离（引用于某 25t 汽车起重机操作保养手册）

表4-1　各种土质的抗压强度（引用于某25t汽车起重机操作保养手册）

| 土质类别 | | | 最大抗压强度，MPa |
|---|---|---|---|
| 未经压实的瓦砾土 | | | 0~0.1 |
| 自然土处女地 | 泥路、沼泽地、荒野 | | 0 |
| | 黏合土 | 粗砂和石子地 | 0.2 |
| | | 泥浆地 | 0 |
| | | 软性土地 | 0.04 |
| | | 坚实土地 | 0.1 |
| | | 半固体土地 | 0.2 |
| | | 坚硬土地 | 0.4 |
| | 在良好条件和状态下未受风化的细微裂岩石 | 压实地层 | 1.5 |
| | | 由块状粒状岩石构成的地层 | 3.0 |

## 第三节　吊装作业常见管理缺陷

在吊装作业现场，管理人员承担着重要的安全职责，应组织督促和实施各种安全制度和程序，以保证吊装设备、工具、环节条件良好，作业人员配备满足作业要求。要对现场安全措施进行把关确认，实施现场监督和培训，用各种方法降低作业风险，保证吊装作业安全有序地进行。现场管理人员管理职责落实不到位可能导致违法、违规及吊装事故等严重后果。

吊装作业常见的管理缺陷主要表现在生产组织不合理、人员资质培训不到位、设备设施管理不到位、作业许可不落实、安全监护不到位等方面，下面针对典型管理缺陷进行分析，供各企业在吊装作业管控过程中参考，及时查纠管理缺陷，保障作业安全。

### 一、生产组织不合理

#### （一）生产任务安排时吊装设备选型错误

1. 主要危害

吊装设备选型无法满足吊装作业的实际需求，导致作业无法顺利进行，或在作业过程中可能造成设备过载，增加设备损坏和事故发生的风险。

2. 应对措施

提前核实吊装任务，充分评估任务的特点和要求，重点掌握吊物重量、尺寸、高度等关键信息，由专业技术人员确定选择合适的吊装设备型号，确保吊装满足实际需求。

3. 规范要求

GB/T 6067.1—2010《起重机械安全规程　第 1 部分：总则》第 14 章起重机械的选用："所需各种类型起重机械的性能和形式在满足其工作要求的同时，还应满足安全要求"。

（二）起重机操作人员安排不合理

1. 主要危害

缺乏经验或技能不足的人员进行关键操作，在面对突发情况时，可能无法迅速、正确地做出反应；身体有疾病或疲劳的人员进行吊装作业，其反应能力和体力可能无法应对高强度的工作要求，增加操作失误和受伤的可能性，从而引发事故。

2. 应对措施

安排任务前，对作业人员的技能进行全面评估，包括理论知识和实际操作能力。可以通过技能测试、模拟操作等方式进行；定期对作业人员进行健康检查，确保其身体状况适合从事吊装工作，对于连续作业或高强度作业，合理安排休息时间。

3. 规范要求

Q/SY 08248—2018《移动式起重机吊装作业安全管理规范》5.5 "起重机司机满足相关要求"。

## 二、人员资质培训不到位

（一）无资质证书或能力不匹配的吊车司机、指挥、司索人员从事现场吊装作业

1. 主要危害

起重机司机、指挥、司索人员未取得国家相关资质证件或能力不匹配进行吊装

作业，易因未掌握吊装安全规定、缺乏吊装作业常识，导致盲目自信和作业失误，造成起重伤害事故。

2. 应对措施

按照国家有关法律法规要求，组织吊装作业人员取得资质证书；作业前进行检查核验，对吊装操作人员能力进行评估，确保持有效资质证书、具备安全操作能力的人员进行吊装作业。同时，做好司索人员、指挥人员的证件管理，及时组织参加有关部门组织的取证、复审工作，杜绝无证上岗作业的违法违规行为。

3. 规范要求

TSG Z6001—2019《特种设备作业人员考核规则》规定，"桥式起重机司机、门式起重机司机、塔式起重机司机、流动式起重机司机、门座式起重机司机、升降机司机、缆索式起重机操作人员及相应指挥人员需要取得'特种设备作业人员证'"。

## （二）未按规定对吊装作业人员进行安全教育和培训

1. 主要危害

工作人员对吊装作业的安全风险认识不足，容易忽视安全规定，进行冒险操作；缺乏应对突发情况的能力，在事故发生时无法及时采取正确的措施。

2. 应对措施

制订全面的安全培训计划，包括理论知识和实际操作培训；采用多样化的培训方式，如课堂教学、现场演示、案例分析等；定期进行安全演练，提高工作人员的应急处理能力。

3. 规范要求

《中华人民共和国安全生产法》第二十八条规定了"生产经营单位应当对从业人员进行安全生产教育和培训，保证从业人员具备必要的安全生产知识，熟悉有关的安全生产规章制度和安全操作规程，掌握本岗位的安全操作技能，了解事故应急处理措施，知悉自身在安全生产方面的权利和义务。未经安全生产教育和培训合格的从业人员，不得上岗作业"。

## 三、设备设施管理不到位

### （一）起重机设备维护管理不善

**1. 主要危害**

缺乏定期保养会导致设备的各项性能指标逐渐降低，如起重能力下降、运行速度不稳定、精度偏差、关键零部件磨损加剧等，可能导致关键时刻安全装置无法正确工作，造成事故发生概率增大。

**2. 应对措施**

建立设备维护管理制度，明确保养的周期、内容、责任人及监督机制。根据设备的使用频率、工作环境等因素，制订合理的保养计划，做好设备的日常维护记录，及时发现和处理潜在问题。

**3. 规范要求**

GB/T 6067.1—2010《起重机械安全规程　第 1 部分：总则》第 18 章"检查、试验、维护与修理"；TSG 08—2017《特种设备使用管理规则》2.7 维护保养与检查。

### （二）吊装设备检测不及时

**1. 主要危害**

未及时检测可能无法发现设备结构的疲劳裂纹、变形、制动系统失效、电气线路老化短路等问题，这些隐患在作业过程中可能突然恶化，造成吊装设备故障或性能下降，可能在作业过程中突然失效，导致重物坠落等严重事故。

**2. 应对措施**

制订设备检测计划，委托具备资质和专业能力的第三方检测机构进行检测，对检测发现的问题及时整改，确保检测结果的准确性和可靠性。

**3. 规范要求**

TSG 51—2023《起重机械安全技术规程》6.4.2 定期检验周期："1）塔式起重机、升降机、流动式起重机、缆索式起重机，每年一次；2）桥式起重机、门式起重机、门座式起重机、桅杆式起重机、机械式停车设备，2 年 1 次"。

## 四、作业许可不落实

### （一）未按规定申请作业许可

**1. 主要危害**

未进行事先的风险评估和规划，无法有效识别和控制潜在的安全风险，也无法保障作业所需的资源和条件得到充分准备，可能导致现场吊装作业发生设备故障、重物坠落、人员伤亡等，甚至作业缺乏合法依据，可能面临法律责任。

**2. 应对措施**

建立严格的作业许可制度，明确许可的范围、程序和审批权限；对申请作业许可的项目进行认真审查，确保符合安全要求，加强对作业许可执行情况的监督检查，发现无作业许可进行作业的情况，应叫停作业并督促办理，并对违规行为进行严肃处理。

**3. 规范要求**

GB 30871—2022《危险化学品企业特殊作业安全规范》4.7 "作业前，作业单位应办理作业审批手续，填写安全作业票（证），并由相关责任人签字确认"。

### （二）申请作业许可时间不合规

**1. 主要危害**

申请时间过晚可能导致审批时间不足，无法对作业方案进行充分论证和优化，仓促准备作业可能导致设备检查不充分、人员培训不到位、安全措施不完善等问题，增加安全风险。

**2. 应对措施**

制订详细的吊装作业计划，明确每个吊装作业环节的时间节点，并提前预留出足够的作业许可申请时间；建立作业许可申请的提醒机制，通过系统提醒、专人负责等方式，确保在规定时间内提交申请；对于因特殊情况导致申请时间不合规的情况，应进行特殊审批，并在后续加强管理，避免再次发生。

**3. 规范要求**

GB 30871—2022《危险化学品企业特殊作业安全规范》4.11b）"作业内容变更、作业范围扩大、作业地点转移或超过作业有效期限，应重新办理安全作业证；工艺条件、作业条件、作业方式或作业环境改变时，应重新进行作业风险评估以确认是否需要重新办理安全作业证"。

### （三）作业许可未及时进行变更

#### 1. 主要危害

当吊装作业条件、环境或内容发生变化时，原许可中的风险评估和安全措施可能不再适用，无法有效保障作业安全，可能导致作业人员在不知情的情况下按照过时的许可要求进行操作，引发安全事故。

#### 2. 应对措施

明确许可更新的流程和要求，包括重新评估风险、调整安全措施、重新审批等，建立动态的监测机制，实时跟踪作业进展和变化情况，及时发现需要更新许可的情况，加强作业人员和管理人员对许可更新重要性的认识，提高其主动报告和申请更新的意识。

#### 3. 规范要求

GB 30871—2022《危险化学品企业特殊作业安全规范》4.11b）"作业内容变更、作业范围扩大、作业地点转移或超过作业有效期限，应重新办理安全作业证；工艺条件、作业条件、作业方式或作业环境改变时，应重新进行作业风险评估以确认是否需要重新办理安全作业证"。

## 五、安全监护不到位

### （一）监管人员配备不足

#### 1. 主要危害

由于人数不够，无法对整个作业区域进行全方位的监视，可能存在一些角落或关键部位无人关注，容易发生意外而未被及时察觉；当多个潜在风险同时出现时，因监护人员不足，无法同时处理，导致风险应对不及时，增加事故发生的可能性。

#### 2. 应对措施

根据吊装作业的规模、复杂程度、作业环境等因素，运用科学的方法和标准，准确评估所需的监护人员数量，同时建立灵活的人员调配机制，能够从其他部门或项目临时抽调合适的人员补充到监护岗位。

3. 规范要求

GB 30871—2022《危险化学品企业特殊作业安全规范》4.10c）"特殊作业应设监护人，监护人应经生产单位或作业单位培训，佩戴明显标识，持培训合格证上岗。特殊作业进行期间，监护人不得擅自离开"。

（二）监管人员履职不到位

1. 主要危害

一般情况下，吊装作业涉及的配合单位、承包商人员较多，存在较多工种岗位的职责划分和履行，若存在现场监管人员履职不到位的情况，未能及时发现和纠正作业中的安全隐患及违规操作，使作业处于高风险状态，容易引发事故。

2. 应对措施

企业和施工单位应建立健全作业现场安全监管的相关制度规程，明确的监管人员履职标准和操作流程，设立专门的监督小组或采用视频监控等方式，对监管人员的工作进行实时监督和定期检查，对认真履职的监管人员给予奖励，对履职不到位的进行批评、处罚甚至调离岗位。

3. 规范要求

《中华人民共和国安全生产法》第三十四条规定了"生产经营单位进行爆破、吊装、动火、临时用电以及国务院应急管理部门会同国务院有关部门规定的其他危险作业，应当安排专门人员进行现场安全管理，确保操作规程的遵守和安全措施的落实。"GB/T 6067.1—2010《起重机械安全规程　第 1 部分：总则》12.2 规定了指派人员（主管人员）有关职责"a）机械操作相关事项进行审核，包括提出工作计划、起重机械、起升机构和设备的选择；工作指导和监管。这些对保证安全工作是必要的。还应包括与其他责任方的协商以及确保在必要时各相关组织之间的协作；b）保证对起重机械的全面检查、检验，以及确认设备已经维护；c）保证报告故障和事故的有效程序以及采取必要的正确处理方式；d）负有组织和控制起重机械操作的责任"。

# 第五章　吊装作业事故案例及应急处置

吊装作业事故类型及特点

## 一、吊装作业事故类型

吊装作业过程一般包括吊装设备机具转运、安装、吊装、拆除等过程，石油石化行业是吊装作业最频繁、最复杂的行业，因此吊装作业事故也涉及多种事故类型。吊装作业可能导致的事故主要有如下类型。

### （一）起重伤害

起重伤害是吊装作业中最常见的事故类型，起重伤害一般指吊装作业过程中由吊装机具设备或吊装物件直接导致的伤害，包括各种起重作业（包括起重机安装、检修、试验）活动中发生的挤压、坠落（吊具、吊重）、折臂、倾翻、倒塌等引起的人的伤害。

### （二）物体打击

由于各类吊装设备越来越大型化，因此有时吊装设备的安装、拆除也是一项较大工程，物体打击主要指吊装机具设备在安装、拆除过程中，构件、材料、工具等由于使用或保管不当，在重力或外力作用下产生运动中打击人体造成人身伤亡的事故。

### （三）高处坠落

石油石化行业吊装全过程往往涉及高空作业，如大型吊装设备的安装、拆除，吊装指挥、司索人员在钢结构、构筑物上进行操作等，因而可能导致高处坠落伤亡事故的发生。

### （四）车辆伤害

车辆伤害主要包括汽车起重机、轮胎吊等在厂内、生产区域内行驶、移位过程中对人体发生碰撞、碾压造成的伤害。

（五）触电

吊装作业有时在输电线路附近进行，当防护措施不当时，尤其是高压裸线附近，可能导致触电事故的发生。

## 二、吊装作业事故特点

吊装作业工况复杂多变，尤其是石油石化行业，包括"人、机、料、法、环"变化更加频繁，导致引起事故的因素也复杂多变，因此安全风险分析和防控更需要动态管控。石油石化行业吊装作业一般是关键性作业，所以吊装事故导致的后果往往较严重，轻则造成材料损毁，重则造成人身伤亡，因吊装涉及静力学、动力学、材料学、机械学等多学科。通过对近几年吊装作业事故的分析，主要包括以下特点。

（1）事故大型化。由于现代化生产所采用机械设备的大型化，建设规模的不断加大，伴随的事故损失也日趋严重。3 人以上的伤亡事故不断增加，一次伤亡 7、8人的事故也多次发生。

（2）常见事故反复发生。如断绳、重物下坠、砸夹挤伤等事故反复发生，流动式起重机经常出现"翻车""塌陷"等重大事故。

（3）中小型企业事故多。由于中小型企业设备不完备，管理又较差，所以事故较多，通常是大型企业的数倍至 10 多倍。

（4）随着企业工人年龄的增大，事故也相应增多，主要是操作人员安全意识不到位、反应迟钝、习惯性违章作业等因素。

（5）机械化的初级阶段事故多。大多数起重设备构造复杂，由于设备维护保养不到位、设备操作不到位等原因，起重伤害事故发生频次较多，设备操作导致的初级阶段事故占比最大。

## 第二节　吊装作业事故应急救援准备与实施

吊装作业事故应急救援准备包括制订应急预案、组织应急演练、建立救援队伍；吊装作业事故应急实施包括隔离和控制危险源、疏散和抢救人员。总地来说，事故应急救援准备与实施的目的，就是为了最小程度地减少事故造成的损失，提高应对突发事件的能力。

吊装作业各步骤的应急救援准备与实施，应针对吊装作业的主要风险开展，即：起重伤害风险、高处坠落风险、物体打击风险、机械伤害风险、触电风险、坍塌风险、设备故障风险。

## 一、制订应急预案

应急预案体系分为综合（总体）应急预案、专项应急预案、现场处置方案和应急处置卡，吊装作业应根据需要建立吊装作业事故专项应急预案，以及人员伤亡、高处坠落、起重机倾覆、电网触电伤害等应急处置方案，还应根据吊车司机、吊装作业指挥、司索等具体岗位制订应急处置卡。

## 二、准备应急资源

• 救援队伍保障：建立一支专业的救援队伍，具备丰富的救援经验和技能，配备必要的救援器材和设备，确保能够及时、有效地进行救援工作。

• 医疗保障：与当地医疗机构建立合作关系，确保受伤人员能够得到及时救治。同时，配备急救箱等医疗用品，以便在现场进行初步救治。

• 物资保障：储备必要的救援物资，如钢丝绳、吊车、索具、防护用品等，确保救援工作的顺利进行。

• 通信保障：建立有效的通信网络，确保事故现场与外界的通信畅通，及时传递信息，协调救援工作。

• 交通保障：确保救援车辆、器材和人员能够快速到达事故现场，采取交通管制等措施，保障救援通道畅通无阻。

## 三、实施应急救援

发生吊装事故时，应尽量隔离和控制危险源，吊装作业事故常见的应急处置措施包括以下几类：

### （一）物体打击伤害应急处置措施

当发生吊装构件滑落造成物体打击伤害事故时，首先观察伤员受伤部位，失血多少，对于一些微小伤，工地急救员可以临时进行简单的止血、消炎、包扎，然后送往医院处理。伤势严重者，急救人员边抢救边就近送医院。

## （二）操作人员高处坠落事故应急处置措施

当发现有人从高处坠落摔伤，首先应观察伤员的神志是否清醒，随后看伤员坠落时身体着地部位，再根据伤员的伤害程度的不同，组织救援。

## （三）起重机倾覆事故应急处置措施

当发生起重机倾覆事故时，首先看起重机司机是否被困在操作室内，检查有无其他人员被砸伤或掩埋在其下面，相邻构筑物是否受到侵害。若有人员被困，确定被埋人员的位置，立即组织现场急救。当挖救被埋人员时，切勿用机械挖救，以防伤人，同时调用其他起重设备将倾覆起重机缓慢拉起，顶升稳固，再组织抢救被埋人员。

## （四）触电伤害事故应急处置措施

当起重吊装作业不慎挂断电线造成触电伤害事故时，首先判断是高压线路还是低压线路。若是低压线路，立即断开电源，如果电源开关较远，则可用绝缘材料把触电者与电源分离。若是高压线路触电，马上通知供电部门停电，如一时无通知供电部门停电，则可抛掷导电体，让线路短路跳闸，再把触电者拖离电源。

## （五）设备事故的应急处置措施

发生重大设备事故，要立即切断电源，停止设备运转。同时上报施工负责人。

## （六）创伤救护

创伤主要指机械致伤因素（或外力）造成的人体器官或组织的损害。如交通事故中的撞击、碾压，生产生活中发生的切割、电击、坠落和跌倒等，是造成青壮年死亡或伤残的第一大危险因素。创伤救护基本任务：早期正确止血、包扎、固定、搬运，避免或降低第二、第三死亡高峰。起重作业过程中，由于设备运转、电气线路损坏、高处坠落等多种因素非常容易产生创伤伤害，因此，加强现场创伤救护，强化事故应急也是应急救援的必要手段。现场救护技术包括止血、包扎、固定和搬运四种基本措施。

1. 止血

常见的止血方法有：直接压迫法、止血带止血法。

直接压迫法是日常生产生活中首选，最安全最有效的止血方法，用于大部分外出血的止血。操作步骤为：先暴露并检查伤口；清理伤口内小异物；用干净的敷料直接压迫；敷料被浸湿，不更换湿敷料；持续压迫，用力压迫。技术特点是持续压迫；用力压迫；伤肢抬高。基本示意如图 5-1 所示。

图 5-1　直接压迫法

止血带止血法的必要物资是止血带，其使用的注意事项包括：上肢出现创伤，应包扎于上臂的上 1/3 处；下肢出现创伤，应包扎于大腿的中上段。止血带不能长时间包扎使用，注意时间防护，每隔 40～50min 放松约 3min；特别注意不得用电线、麻绳、尼龙绳、铁丝等物品代替止血带的功效，以免出现二次创伤或者加重创伤。

2. 包扎

包扎的目的是减少出血、预防休克，保护伤口、防止感染，同时保护内脏及其他组织。常见包扎材料有：敷料、创可贴、绷带、胶带、三角巾等，以上均可在生产现场或后辅基地配备的医疗急救箱中进行配备；如事故现场没有配备医疗急救箱，可以现场就地取材，包括衣服、围巾、领带、毛巾、帽子、床单、丝袜等物品均可以采用。

绷带包扎主要有以下五种方法：

• 环形包扎——最简单最常用，适用于较小伤口（手腕、足踝、颈部）。

• 螺旋包扎、螺旋回返包扎——适用于粗细不等的部位（手臂、腿、躯干）。

• 肢体"8 字"——适用于较长的伤口（补充方法）。

• 关节"8 字"——适用于关节处。

• 回返法——适用于肢体末端或断肢部位。包扎示意图如图 5-2 所示。

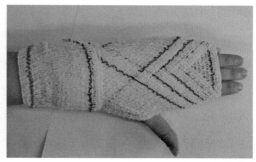

图 5-2 绷带包扎

三角巾包扎主要有以下七种方式：

• 头部：帽式、风帽包扎。

• 肩部：单肩、双肩燕尾包扎。

• 胸部：侧胸、全胸包扎。

• 腹部：侧腹、全腹包扎。

• 臀部：侧臀、全臀包扎。

• 手足：回返、折叠包扎。

• 膝肘：带式、扇形包扎。

3. 固定

固定这种方法一般适用于骨折创伤，骨折是指因遭受直接外力、间接外力、积累性劳损等原因的作用，使骨的完整性和连续性发生改变。固定的主要目的是：制动，减轻疼痛；避免损伤周围神经、血管；减少出血和肿胀；避免闭合性变为开放性；便于搬运时防止二次损伤。固定时一般采用三角巾 + 夹板相结合，需要注意的是前臂骨折时使用夹板固定，上臂骨折时针对身体躯干进行固定，下肢骨折时要针对健康的肢体进行固定。

夹板使用注意事项：

• 夹板应超过骨折端相邻的两个关节。

• 先固定骨折端近心端，再固定远心端。

• 夹板与皮肤、关节、骨突出的部位需加衬垫。

• 体位：上肢屈肘，下肢伸直。

• 露出指（趾）端，便于检查末梢血循环。

• 创伤部位不复位、不涂药、不冲洗。

**4. 搬运**

搬运是指将伤者使用人力（徒手搬运）和设备（器材搬运）的方法，转移至安全或者具有医疗条件的过程，其目的是有利于伤员的安全和进一步救治。搬运时的注意事项包括：应先做基本处置，如止血、包扎后再搬运；搬运时保证伤员的安全，防止二次损伤；搬运的过程要密切观察伤病员伤情变化。

徒手搬运主要有五种方法：扶行法、背驮法、抱持法、双人拉车法和四手坐抬法。

器材搬运主要使用的器材包括：折叠铲式担架、脊柱板、帆布担架。生产现场未配备以上两种器材时，通常可以使用硬质模板和毛毯代替实施短距离搬运。

## 四、组织应急演练

应急演练是检验基层组织在应对突发生产安全事件的情况下，岗位员工是否能合理有效地开展应急响应程序的模拟事件。它既是安全培训的一种必要手段，又是检验应急实践的工具方法。企业可定期或有计划组织生产安全应急预案演练，并对演练工作进行总结评估，应急预案演练一年不得少于一次，新制订或修订的应急预案应当及时组织演练。

企业可针对不同内部条件和外部环境，采取桌面推演、实践演练及综合演练等多种形式开展生产安全应急演练活动；管理层可以采取情景构建或模拟方式，组织桌面推演活动；一线队站和作业现场可结合实际工况，进行现场处置方（预）案和应急处置卡实战演练活动。通过定期进行吊装事故应急演练，可以提高现场人员的应急处理能力，降低吊装事故发生的风险，确保吊装作业的安全。应急演练的程序包括：

（一）演练组织与策划

• 确定演练目标：提高吊装作业人员的安全意识，检验应急预案的可行性和有效性。

• 确定演练范围：针对某一特定吊装作业区域或项目进行演练。

• 制订演练计划：明确演练时间、地点、参与人员、演练流程等。

• 准备应急物资：确保救援器材、防护用品等物资充足并处于良好状态。

（二）应急响应启动

• 事故发生：模拟吊装作业过程中出现钢丝绳断裂、吊物坠落等事故。

· 立即报告：现场作业人员立即向应急指挥中心报告事故情况。

· 启动预案：应急指挥中心根据事故情况，宣布启动应急预案。

（三）应急处置与救援

· 救援队伍集结：各救援小组迅速集结，按照预案要求携带救援器材赶赴现场。

· 现场警戒与疏散：设置警戒区域，疏散现场无关人员，确保救援工作顺利进行。

· 伤员救治：对受伤人员进行初步救治，止血、固定、搬运等操作，并迅速送往医院。

· 事故调查与处理：对事故原因进行调查分析，采取措施防止类似事故再次发生。

（四）演练评估与总结

· 收集演练过程中的数据和信息，进行评估和总结。

· 分析演练中存在的问题和不足，提出改进措施。

· 将演练成果应用于实际工作中，提高吊装作业的安全水平。

（五）起重作业突发事件应急演练方案示例

1. 演练目的和目标

验证吊装突发事件专项应急预案的有效性、适应性、可操作性；增强演练单位、各办公室、相关人员对应急预案的熟悉程度，提高应急反应、处置能力；明确演练单位、各办公室及相关人员的应急职责，完善应急管理机制。

2. 应急演练计划

（1）演练场景设置：××单位 40t 吊车在 A 市 B 县 C 井场执行设备吊装任务时发生吊车倾翻事故，并且可能发生次生事故。

（2）演练时间：2024 年 8 月 × 日。

（3）演练方式：桌面推演。

（4）参加演练单位：××××。

（5）参加演练人员：××××。

3. 应急演练程序

事件发生：2024 年 8 月 × 日 × 时 × 分，××单位 40t 吊车在 A 市 B 县 C

井场执行设备吊装任务时发生吊车倾翻事故，事故现场无人员受伤，设备受到损坏。

演练实施：

1）演练开始阶段

14时30分应急演练领导小组组长宣布：演练开始。

2）事故发生阶段

14时31分××中队驾驶员甲拨打应急值班电话，向中队值班调度报告：

（驾驶员甲）：报告，14时31分左右，我在C井场吊装D设备过程中，因支承地面突然塌陷，导致吊车倾翻，现场无人员受伤，请求救援。

3）事故上报阶段

14时33分值班调度向驾驶员甲仔细了解情况后向中队队长汇报事故情况。

（值班调度）：报告队长，40t吊车在C井场吊装D设备过程中发生吊车倾翻事故，无人员受伤。但是倾翻吊车靠近坡边，可能发生次生事故，请指示。

（队长）：你加强和现场管理人员、驾驶员的联系，我立即向领导汇报。

14时35分队长向事业部分管设备副经理汇报事故情况。

（队长）：报告副经理，我中队40t吊车在C井场吊装D设备过程中发生吊车倾翻事故，无人员受伤，但可能发生次生事故，我已经安排调度实时跟踪现场情况，请指示。

副经理立即作出安排。

（副经理）：你立即联系应急指挥车驾驶员乙赶赴现场勘察情况，随车携带好应急救援设备和物资，我们随时保持联系。

立即联系C井场附近的我单位吊车或服务商2台50t以上的吊车，赶赴C井场准备救援，有情况及时联系。

14时37分副经理安排完后，立即向事业部经理汇报。

（副经理）：报告经理，14时31分左右，中队吊车在C井场吊装D设备过程中发生吊车倾翻事故，无人员受伤。但倾翻吊车靠近坡边，可能发生次生事故，我已通知副经理带领队长等人到现场勘查情况，同时要求就近组织2台50t吊车前往实施救援，请指示。

4）应急响应阶段

14时39分事业部经理初步判定该事件为特种设备突发事件，可能达到Ⅳ级应急救援程度，决定立即启动应急响应，召开事业部应急领导小组会议，制订救援方案。

（经理）：马上通知事业部应急领导小组成员到三楼会议室开会。

14 时 41 分事业部应急领导小组会议召开，会议决定：启动事业部特种设备突发事件专项应急预案，响应级别为Ⅳ级，成立现场应急救援组；生产办就近落实 2 台 50t 吊车和施救的吊索具、器材赶赴现场，听从应急救援组安排；设备办准备好施救必需的吊索具、器材，做好充分保障。

5）应急救援阶段

14 时 43 分事业部经理电话指示救援组长。

（经理）：事业部已召开应急领导小组会议确定启动特种设备突发事件专项应急响应Ⅳ级预案，会上决定由你担任现场应急救援组组长，全权负责事故现场应急救援，做好施救方案，请务必确保施救安全。

14 时 45 分生产办主任向事业部应急领导小组组长汇报车辆落实情况。

（生产办主任）：报告经理，生产办已就近安排了 2 台 50t 吊车携带吊索具等，从 E 地立即出发前往施救现场，接受现场应急救援组指挥，预计 1h 到达。

14 时 47 分现场救援组到达现场后，现场应急救援组组长汇报现场勘察情况。

（组长）：报告经理，救援组到达现场后立即对现场情况进行了勘查和应急处理，已消除次生事故风险。目前所有应急设备、人员及物资已全部到达。组织救援组人员、吊车驾驶员，以及甲方现场主要管理人员共同进行了现场勘察，并召开会议分析，拟定了施救方案，明确了包括甲方人员在内的救援组成员各自职责。拟采用一台 50t 吊车扶正吊臂，另一台 50t 吊车起吊的方式实施救援，具体方案已发电子文档给你，请审核指示。

（经理）：施救方案已经事业部应急领导小组审核同意，请现场救援组按照救援方案落实施救。

6）应急解除阶段

14 时 51 分现场救援组长向事业部应急领导小组组长汇报施救情况。

（救援组长）：报告经理，经过 2h 施救，事故吊车已成功吊正，未出现次生灾害，建议解除应急状态，下步将认真进行事故调查和善后处理，请指示！

14 时 53 分事业部应急领导小组组长宣布解除应急响应，做好现场恢复工作。

（经理）：本次应急演练结束。

### 4. 应急演练总结

经理对本次应急演练进行评估总结，人员应急能力进行评估，提出 × 项问题待改进。就本次演练评估组及专家提出的问题及建议，及时组织相关部门修改完善应急预案，策划并做好下次重点演练工作。

## 第三节 吊装作业典型事故案例分析

### 一、流动式起重机案例分析

#### （一）钢丝绳起跳致起重伤害事故

**1. 事故经过**

2019 年 11 月某日，某石油石化安装施工项目现场用 150t 履带式起重机进行钢结构卸车作业，起重机驾驶员在吊装作业时发现起重机变幅卷扬机运转放出钢丝绳后，变幅滑轮没有转动，吊车臂不下杆，随即用起杆操作反向转动变幅卷扬机将钢丝绳收回，检查发现变幅卷扬机上收回的钢丝绳跳绳。在没有采取防护措施的情况下，起重机驾驶员将变幅卷扬机上的钢丝绳进行盘绳，作业过程中变幅滑轮组突然转动，吊车臂直线下坠，拉动还未盘完的钢丝绳飞速抽动。事故造成正在盘绳的作业人员一人小腿骨折，另一人肩胛部骨折。

**2. 事故原因分析**

1）直接原因

吊车吊臂突然下坠导致从卷扬机上释放出的钢丝绳急速上抽并舞动，急速舞动的钢丝绳碰到人的身体部位，使人受伤。

2）间接原因

（1）违反安全操作规程：吊车随车操作手册中"移动式起重机安全操作规程"规定"进行维修保养工作时，必须先把吊着的负荷落地，臂杆垫在适当的垫物上"。考虑到当时臂杆不能下放，正确的处理方式是用其他吊车吊住臂杆后才能进行变幅卷扬机的盘绳作业。

（2）天气原因：吊装作业前一天，下了一天的雨雪，吊装作业当天气温达零下 12℃，导致变幅滑轮因冰冻不能正常转动。

（3）设备老化：150t 履带式起重机为 1993 年制造，年限老化性能降低。

3. 事故预防措施

（1）对施工现场吊装设备、吊装作业开展举一反三专项检查，查找吊装作业过程中不符合标准规范、安全操作规程、施工方案等要求的问题。

（2）针对冬季施工特点，对施工作业过程中的安全风险重新进行梳理和评估，充分考虑正常、异常、紧急情况，对安全风险实施动态管理。

（3）加强施工作业安全监督管理，严格实施作业过程旁站监管。

## （二）违规操作汽车起重机致高处坠落事故

1. 事故经过

湖北某农利开发项目需要进行塔吊安装辅助工作，2021 年 8 月某日 10 时许开始塔吊安装，至 12 时完成三个标准节及塔帽安装后，施工人员开始吃饭休息。14 时左右，开始塔机平衡臂安装作业，首先使用汽车起重机副钩起吊塔机平衡臂，完成了平衡臂与塔身之间销轴连接。为便于安装平衡臂拉杆，吊车副钩起升使平衡臂尾端上翘，司机下落主钩起吊平衡臂尾端，当平衡臂尾端上扬至能够安装拉杆到平衡臂的位置时，收紧副钩并松开主钩，再使用主钩起吊位于塔机塔帽上的平衡臂拉杆，辅助平衡臂拉杆安装。此时，吊装平衡臂的汽车起重机副钩钢丝绳突然断裂，塔机平衡臂突然向下翻转紧贴套架，位于平衡臂上的 6 名安装作业人员从平衡臂坠落，造成 4 人死亡，2 人受伤，直接经济损失 396.3 万元。事故经过见图 5-3、图 5-4。

钢丝绳从滑轮破损处偏出

图 5-3 衡臂尾端上扬

在平衡臂上作业的6名工人瞬间坠落

图 5-4 钢丝绳断裂

**2. 事故原因分析**

**1）直接原因**

在主钩协助副钩起吊平衡臂上扬过程中，副钩起升钢丝绳逐渐松弛，且悬挂点产生偏移。当副钩再次起升时，因防跳槽装置失效未有效阻挡，起升钢丝绳从臂尖滑轮破损处偏出，沿挡板翼缘摩擦切割，导致起升钢丝绳部分钢丝股依次断裂。

**2）间接原因**

（1）现场管理混乱，作业双方未有效落实作业前吊装设备的安全检查，吊装方案不符合塔式起重机常规安装方法，指挥班长陈某未进行安全评估和论证，造成实质性超载。

（2）汽车起重机司机在被告知塔机平衡臂重量超出汽车起重机臂尖滑轮的额定起重量的情况下，依然用副钩起吊塔机平衡臂，导致副钩起升钢丝绳脱槽断裂。

（3）平衡臂上作业六人均未佩戴全身式安全带，并使用安全绳可靠锚固。

**3. 事故预防措施**

明确落实现场监督管理主体责任，加强吊装设备作业前安全检查，采用非常规吊装方案需按相关规范进行论证和分析，确保方案合规可行，并履行方案变更手续。提高作业人员风险评估水平，现场技术人员能熟练使用起重性能参数表，对起重机的动态额定起重能力进行分析评估。

**（三）人员站位不当致车辆伤害事故**

**1. 事故经过**

2018年8月某日，某公司酸性气处理改造项目片区内实施大型设备吊装作业。8时30分，起运公司办理了起重作业许可证，使用350t履带吊车吊装烟气换热器及框架。由于烟气换热器距离350t履带吊车较远，决定先用汽车起重机将烟气换热器移位至350t履带吊车的作业半径内，15时左右350t汽车起重机支车完毕，起重司索陈某将钢丝绳挂到汽车起重机的吊钩上，起重指挥杨某指挥350t汽车起重机司机柯某将烟气换热器吊起移到350t履带吊车正后方位置并支垫好。16时7分左右，起重指挥杨某站在烟气换热器与350t汽车起重机中间，用对讲机向350t履带吊车司机付某发出起吊指令。吊车司机付某挂挡起吊，烟气换热器北侧端先吊起离地，并快速向350t汽车起重机尾部摆动，杨某躲闪不及，被烟气换热器挤压到350t汽车起重机尾部，导致被挤压受伤抢救无效身亡。事故经过见图5-5、图5-6。

图 5-5 汽车起重机对换热器移位　　　图 5-6 指挥人员被挤压

2. 事故原因分析

1）直接原因

起重指挥人员在起吊物旁边站位不当，被晃动的烟气换热器挤压在 350t 汽车起重机尾部，受伤致死。

2）间接原因

（1）现场施工组织不科学。350t 汽车起重机完成第一台烟气换热器平移后，未撤出作业现场便开始吊装作业，客观上影响了起重指挥的取位、站位，限制了 350t 履带吊车的工作范围，也阻挡了吊车司机的视角。

（2）现场安全管理不到位。安全员周某及监护人员薛某站位不当，未及时发现并制止起重指挥杨某的不当站位，也未能识别出站在 350t 汽车起重机尾部和烟气换热器之间的狭小空间内指挥存在被挤压的风险，未尽到现场管理和监护职责。

（3）起重作业许可管理不规范。起运公司虽然办理了作业许可证，但是吊装评估表中起重机械只涉及到 350t 履带吊车，当临时增加使用 350t 汽车起重机后，未对作业许可进行变更，未重新进行风险评估和采取措施。

3. 事故预防措施

（1）严格落实安全生产主体责任，进一步规范落实安全生产管理制度，明确各岗位职责，加强作业现场安全管理，完善起重作业等各项安全操作规程和作业指导书，加强员工的安全教育培训，全面提高员工的风险识别能力和安全责任意识。

（2）切实加强作业现场的安全管理，对施工过程中发生的变化，要严格执行变更管理制度，对发生的变更情况要进行危险性分析，分析可能发生的事故，制订相应的安全措施，并对所有作业人员进行安全教育。

（四）汽车起重机吊钩冲顶致物体打击事故

1. 事故经过

2021 年 5 月某日，承包商安排司机张某驾驶一辆汽车起重机到浙江省燕罗街道某垃圾焚烧发电厂施工项目工地配合幕墙安装工作。次日 13 时 30 分许，司机张某操作涉事吊车配合现场工人在事故工程项目工地 B23 轴位置进行幕墙吊装作业。17 时 50 分许，施工现场吊装作业结束后，张某在没有司索指挥或工人的情况下回收吊车吊臂，就在回收副钩时，吊臂顶端突然发出"当"一声金属撞击响声，随即副钩从吊臂上脱落掉下，砸中涉事吊车操作室顶部，接着顺势砸到从操作室出来的张某头部，导致其受伤从操作室翻落至地面死亡。事故经过见图 5-7、图 5-8。

图 5-7　涉事吊车图

图 5-8　副钩坠落打击操作室顶棚

2.事故原因分析

1）直接原因

吊车副臂末端未安装副钩高度限位器，吊车司机张某违章冒险作业，未注意观察副钩起升情况，导致副钩起升时发生过卷冲顶，致使副钩越过副臂末端滑轮并破坏该滑轮和2个滑轮防脱槽装置后，飞出坠落砸中吊车操作室及其头部。

2）间接原因

（1）承包商未认真履行员工安全教育培训职责，未保证作业人员具备必要的安全生产知识，熟悉有关安全生产规章制度和安全操作规程；未采取技术、管理措施，及时发现并消除员工违章冒险作业、涉事吊车副臂末端未安装副钩高度限位器的事故隐患。

（2）建设单位未认真履行安全生产管理职责，未督促吊车司机严格执行施工现场安全生产规章制度和安全操作规程；未及时发现并消除其未佩戴安全帽、未集中注意力操作涉事吊车、未在涉事吊车副臂末端安装副钩高度限位器的事故隐患。

（3）建设单位主要负责人、项目负责人未认真履行安全生产管理职责，未督促、检查本单位的安全生产工作，未及时消除作业现场施工过程中存在的生产安全事故隐患。

3.事故预防措施

（1）严格落实安全生产主体责任，加强对生产经营活动的安全管理，严格审查承包人资质，加强对承包单位、承租单位的安全生产工作统一协调和管理；向作业人员说明现场危险因素、作业安全要求和应急措施。加强对起重设备状态的监管，强调高度限位器、力矩限制器、超载报警器等重要安全附件的维护。

（2）加强吊装作业过程安全管理，吊装作业前要对设备结构件、主要零部件、钢丝绳、安全保护装置等进行检查，经确认符合要求后方可使用；严格按照专项施工方案组织施工；吊装作业现场应在设备活动范围内设置明显的安全警示标志及警戒区域，并配备专职的监护人员，严禁无关人员进入作业现场。

（3）对不同岗位作业人员进行针对本岗位的应急逃生技能培训，并周期性组织各岗位人员进行常见事故场景应急演练。对一些撤离逃跑可能引发更大伤害的岗位人员，进行有效的反本能训练。

（五）起吊重量不明物体致起重伤害事故

1. 事故经过

2017 年 3 月某日，某轻烃工程开工，工艺六队开始 6# 管廊工艺和热力管道（$\phi 610 \times 20.62$mm）安装。5 月 1 日，6# 管廊工艺管道焊接全部完成并与地面管道联头固定。23 日，工艺六队向建设单位申请办理了"安全工作许可证"，作业票的工作内容为 3A、3B、1# 至 8# 管廊工艺管道安装，实际工作内容包括已完成焊接管道补装支架。16 时 30 分，工艺六队班长秦某与起重指挥蒋某，配合工刘某、赵某、温某等 5 名人员从 6# 管廊东侧开始支架安装作业，吊车操作手黄某操作吊车，刘某等 3 名配合工用两个卸扣（载荷 8.5t）将两根吊带（长 8m、载荷 5t）连接套在 DN600 管道上，通过吊车起吊管道。刘某等 3 名配合工在管道下方安装支架，秦某在管道上方配合，蒋某站在管道上方指挥起吊作业。19 时左右，在 6# 管廊西侧与 3A 管廊交界处安装第 6 个支架时，起吊载荷 5t 时起吊高度不够，支架无法就位，蒋某指挥吊车再次提升管道，此时南侧吊带突然断裂，卸扣从北侧甩出，击中刘某安全帽右侧，造成头部受伤经抢救无需死亡。事故经过见图 5-9、图 5-10。

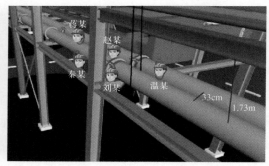

图 5-9　吊装过程中　　　　　　　图 5-10　作业人员处于管廊的位置

2. 事故原因分析

1）直接原因

吊车在起吊，配合管道支架安装过程中，吊带突然崩断，卸扣甩出，击中刘某安全帽右侧，安全帽被击穿。

2）间接原因

在 DN600 工艺管道已与地面管道两端完全固定的情况下，再安装支架，致使操作难度、作业风险加大；DN600 工艺管道已与地面管道两端完全固定，吊物重量不明，凭经验选择 2 根 5t 吊装带作业，吊带选用随意；吊车操作手黄某违反 "吊物重量不明不吊" 禁令操作；死亡人员刘某在吊车再次起吊时没有离开危险区域。

3. 事故预防措施

（1）加强吊装作业安全管控。阶段性开展吊装作业专项检查，排查吊装设备完整性、吊装作业人员持有效特种作业操作证、吊索具完整性、吊装作业危害因素辨识等方面，运管、布管、组对、下沟等环节事故隐患，挂牌销项验收，确保吊装作业安全。

（2）履行主体管理责任，加强劳务分包商管理。完善劳务分包管理制度，将劳务分包商纳入统一管理，全面履行总承包商在合同中约定的权利责任，明确工作界面，建立工作流程，加强劳务分包商技术、质量、安全等过程监管。

（3）梳理工艺管理现状，加强工艺安全管理。牢固树立 "技术保证安全" 的理念，排查项目工艺安全隐患，制订隐患消减措施，建立分级工艺措施审批制度，规范工艺措施运行控制和变更管理，真正实现本质安全。

（4）提升专职安全管理人员履职能力。教育专职安全管理人员本着对企业生存发展负责的信念敬业爱岗，培养专职安全管理人员敬业精神、责任意识。明确专职安全管理人员日、周、月工作清单，规范管理工作。按国家、公司统一部署，建立健全安全生产权力和责任清单，推进落实 "尽职照单免责、失职照单问责"，消除岗位工作压力。加强履职能力考核，确保队伍建设良性循环。

（六）超载吊装及支腿基础不实致起重伤害事故

1. 事故经过

2017 年 3 月某日，某施工单位计划在某石化公司东油品车间 5# 路上进行管线吊装作业，现场作业负责人按规定办理了 "吊装作业许可证" 和消防占道审批手续，当天因现场有焊接作业，为避免交叉作业，未实施吊装作业。次日 8 时，施工单位办理了 "吊装作业许可证" 延期手续，承包商安排王某驾驶挂靠于承包商单位的汽车起重机。

12 时 37 分，王某未持本人临时入场证驾驶汽车起重机进入现场，乙方监护人史某登记了虚假的吊车司机姓名 "连某"，随后史某前往车间办理 "机动车辆准入许可证"。14 时，监理公司于某、杨某、吕某等三人到现场检查，但未对作业人员进行核实，14 时 18 分，三人全程跟踪了第一杆吊装作业，15 时左右三人离开作业现场。第二杆吊装作业时吊车发生侧向倾覆，吊车司机王某从驾驶室内甩落至路边护坡处，被侧翻的吊车挤压死亡，事故经过见图5-11、图5-12。

图5-11 倾覆的吊车

图5-12 倾覆后吊车臂杆情况

### 2. 事故原因分析

1）直接原因

吊装作业时吊车倾覆，吊车司机从操作室甩落至路边护坡处被挤压身亡。

2）间接原因

一是司机超载荷起吊。根据该吊车产品说明书，吊车在作业半径26m、主臂伸长42m的情况下，额定起吊载荷为1.85t；现场实际作业半径26.4m、主臂伸长42m，吊装管线实际重量为1.6t，且吊车吊钩为0.4t，已经超出了此工况下吊车的载荷。

二是吊车右后支腿基础不实。右后支腿设置在3根并排放置枕木上方的木排上，枕木一侧置于路边道崖上，另一侧置于软土层上。吊装过程中，软土层一侧受压下沉造成吊物重心向前偏移，产生向前惯性力，致使作业半径和力矩增大，负载增加导致吊车侧倾覆。

### 3. 事故预防措施

（1）强化工程项目合规管理。梳理完善组织管理、责任界面划分等相关制度，严肃工程项目安全、合规管理，强化制度执行力，落实各阶段安全管理主体责任。

（2）加强承包商管理。认真开展承包商施工作业前能力准入评估、施工作业过程监督检查和竣工后安全绩效评估等工作。加强施工过程监管和安全交底等方面的管理。

（3）严肃作业许可审批管理。严格落实作业许可制度，确保作业许可书面审查和现场审查措施落实到位。

（4）强化吊装作业管理。开展吊装作业安全培训和专项排查，提高吊装专业安全技术水平，严格制订和审查吊装方案，严格执行吊装作业安全规程。

（5）加强监理单位履职监管。监理单位要严格做好人员、设备机具入场检验和备案。严格审查施工方案和专项方案，同时项目主管部门和建设单位要加强对监理单位履职情况的监管并严格考核。

## （七）钢丝绳断裂致物体打击事故

### 1. 事故经过

2006年某起重机有限公司为工业开发区的某模具有限公司制造了一台10t桥式起重机，并承担安装工作。由于起重机主梁安装到位需要汽车起重机作业，就按照马路边的小广告找了两台汽车起重机进行吊装作业。当两台汽车起重机同时吊装起重机主梁时，绑扎主梁的钢丝绳突然断裂，致使主梁坠落至地面，造成主梁弯曲变形，未造成人员伤亡。

### 2. 事故原因分析

#### 1）直接原因

吊装起重机主梁作业时钢丝绳捆绑错误，吊装指挥失误，造成吊装过程中钢丝绳突然断裂，主梁坠落地面。

#### 2）间接原因

出租起重机单位无起重机吊装资质，驾驶员中有一人无证操作。

### 3. 事故预防措施

（1）严禁无起重机吊装资质的单位从事吊装业务，严禁无证操作。

（2）加强对作业人员的安全技术培训。

## （八）违章指挥致起重伤害事故

### 1. 事故经过

1996年6月某日，某项目部准备用两台WD-400型履带起重机，同时吊装一根长17.6m，自重约59t的T型梁（自编号为2#）吊装作业。吊装作业方案有关人员组织、安全措施均作了部署，吊装作业由王某任总指挥，候某、张某、周某三人协助指挥和现场监护。试吊由张某指挥，起吊至50cm之后，准备越过前方废T型梁，当两台吊车起吊 2m 高度时，因场地有障碍物（废 T 型梁）挡住视线不便观察，此时张某将指挥旗交给王某，但因废 T 型梁的障碍，梁顺不过来不能到位，这时王某指挥 1 号吊车变幅到 70°角时，让其停机，便指挥 2 号吊车左转，但 1 号吊车处于停止状态，造成两台吊车动作不同步，导致 1# 吊车起重臂根部扭曲断裂，臂杆坠落，砸在 2# 吊车的变幅索上，致使一根变幅索扣上的固定销挣脱，该销下环端反弹在 2# 吊车左侧，销环扣刮在吊车平台通道上的副司机程某头部（当时程正巧从机舱出来顺梯往下走），当场倒在车下，在送往医院途中死亡。

**2. 事故原因分析**

（1）违章指挥。两台起重机共同起吊一根梁必须是同步运行，在起吊过程中不可单独承受重量和斜向拉力，违背这一原则必然要发生事故。

（2）废 T 型梁未清除，起吊运件轨迹不畅通。

（3）指挥人员违章指挥。

**3. 预防措施**

（1）调整吊装组织机构，选用责任心强、懂业务有经验的起重人员吊装作业。

（2）进一步完善现场吊装安全措施，保证安全施工。

（3）进一步学习有关起重作业安全技术规程和起重机械安全运行规程。

**（九）钢丝绳触碰高压线致触电事故**

**1. 事故经过**

2008 年 7 月 21 日，某建筑安装工程处在某管道工程施工中，吊装 11m 长的 $\phi 508mm$ 钢管时，吊车吊钩上部的钢丝绳碰到 10kV 高压线，2 名施工人员触电死亡。

**2. 事故原因分析**

钢丝绳触碰高压线致使吊车带电，致人触电死亡。

**3. 事故预防措施**

（1）吊装作业时，吊臂、机体、钢丝绳、被吊物，与高压线路不仅不能碰触，因存在电场感应问题，应保持安全距离。

（2）吊装作业前，要对靠近高压线作业做危险识别。

（3）吊装作业前，吊车司机、吊装指挥人员、司索作业人员，要认真检查吊装作业环境安全。

（十）吊车臂杆距离高压线过近致触电事故

1. 事故经过

2006 年 11 月 29 日，某油田钻井工程公司在井场吊移作业过程中，吊车拔杆与上端 10kV 高压线距离小于安全距离，产生高压放电，造成手扶钢丝绳套进行辅助吊装作业的钻工贺某被电击，造成 1 人死亡。

2. 事故原因分析

货运大件运输公司吊车司机及起重指挥人员违章作业、违章指挥，未能及时发现并纠正吊车拔杆与上端 10kV 高压线距离过近的问题。

3. 事故预防措施

（1）加强对外雇队伍的管理和监控，杜绝外雇队伍作业人员违章指挥、违章操作。

（2）在井队搬迁和作业过程中，对跨越井场的高压线路进行停电后，方可作业。

（十一）歪拉斜吊致起重伤害事故

1. 事故经过

2019 年 3 月 8 日，某建筑安装集团有限公司第五分公司项目部卸车。70t 汽车起重机起重吊装，王某站在起升弯头与运输车前箱板之间，双手扶着弯头，防止弯头摆动。当王某在弯头起升至 1m 左右时，松手欲离开，此时弯头向运输车驾驶室方向摆动，弯头撞击至王某的胸部，王某随后倒在车厢上，后致死亡，事故经过见图 5-13、图 5-14。

图 5-13　卸放的弯头

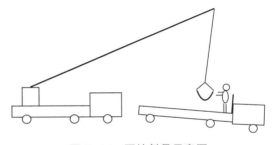

图 5-14　歪拉斜吊示意图

2.事故原因分析

弯头在吊起过程中，钢丝绳始终处于倾斜状态，在王某松手后，倾斜的钢丝绳带动弯头摆动后撞击王某胸部致其死亡。

3.事故预防措施

（1）吊物在吊装过程中，严禁手扶，应用溜绳控制。

（2）应注意钢丝绳是否处于倾斜状态，不得歪拉斜吊。

## （十二）拉抻管线不合理致挤压亡人事故

1.事故经过

2005年9月某日，某油田建设集团工程公司一工程处在某采油厂天然气管线加深工程施工，管线长度480m。施工现场有两条利旧管线从原管沟取出，放入新管沟。利旧管线东端已连头焊接，由于管线下入新管沟后，在距管线转弯处组对现场400m处局部隆起，达不到设计埋深要求，两名作业人员用管带绑住管线西端，指挥施工机械把管线拉直。被拉伸的管线由东向西移动时，把管线转弯处正在进行组对焊接的电焊工挤压到西侧管沟壁上，造成胸部挤伤，当场死亡。

2.事故原因分析

1）直接原因

管线被拉伸后，由东向西移动，把正在进行组对焊接的焊工挤压到管沟壁上致死。

2）间接原因

现场施工指挥人员施工组织不合理，挖掘利旧管线、下入新管沟的作业人员与200m外的焊接作业人员在进行同步交叉作业时，缺少作业过程中安全确认、信息通报等协调沟通。

3.事故预防措施

（1）进行吊装作业时，应实行作业许可管理，吊装搬运工件、材料前，应确认移动路径内无人员、无障碍。

（2）作业前应进行工作前安全分析，对交叉作业风险进行详细的辨识和告知，制订工作方案，落实风险防控措施，加强作业现场的指挥协调，作业风险点不能有监管盲区。

（十三）半支腿工况超载吊装致起重伤害事故

1. 事故经过

2004 年某月某日，一台 LTM1170 型汽车式起重机在装卸货物时，由于支腿销子未固定且水平支腿只伸出一半，司机从正后方吊起货物，向侧向回转时，起重机侧翻，造成起重臂严重损伤。

2. 事故原因分析

（1）由于施工现场的条件限制，操作人员在打支腿时只打了半腿且未固定销子。在支腿没有完全伸开的情况下使用了起重机的原性能表，在吊重从正后方回转到侧向时，由于实际起重力矩超过起重机的"额定起重力矩"（在支腿没有完全伸开的情况下，实际的"额定起重力矩"小于原性能表中的"额定起重力矩"），造成起重机侧翻，起重臂受损。

（2）起重机的操作人员未严格按照操作规程操作。在工作场所达不到规定的条件时，凭主观、凭经验，想当然地变更操作要领，违章操作。

3. 事故预防措施

（1）在起重作业前，必须认真了解现场情况，制订作业方案，切实按作业方案作业。

（2）起重机操作人员必须严格按操作规程操作。

（十四）违规回收支腿致车辆伤害事故

1. 事故经过

1993 年 7 月某日，某化工厂安排机修车间用汽车起重机将专用线上火车厢内的"甲醇内筒"吊卸下来。车间主任指派副主任担任起重现场指挥。在副主任的指挥下，已将"甲醇内筒"吊放到地面的木拍子上后，就擅自放弃了起重指挥工作。结果汽车起重机司机在无人指挥、自己又没给他人任何信号的情况下，操纵手柄收汽车起重机的支腿，而就在这时，架子工却在支腿往回收的过程中，去收挂支腿垫铁，结果被挤在右后支腿与汽车起重机右后角之间，造成头部严重挤伤，经抢救无效死亡。

2. 事故原因分析

（1）起重指挥人员在指挥岗位上却没有履行起重指挥人员职责，致使起重作业完毕，在汽车起重机操作收回支腿时，违章擅自脱岗中断指挥。

（2）起重机司机未认真瞭望，在无人指挥作业、危险区内有人的情况下，违章操作收回支腿。

（3）受害者在汽车起重机收回支腿时，违章进入危险区冒险作业。

3. 事故预防措施

（1）起重吊装作业必须由有经验的专业人员担任指挥，实行岗位责任制。

（2）司机在伸出或收回支腿时，应能看到每一条支腿，否则应有指挥人员帮助。在无人指挥情况下操作，应小心谨慎，仔细观察，确认作业区域内没有人员和其他妨碍操作的物件后，才能进行操作。

（3）进入施工现场的所有人员不得擅自进入起重机作业区域。如因工作需要必须进入时，应事先通知起重机司机停止操作。在伸出或收回支腿时，不得进入支腿运动方向。

（十五）起重机副臂折臂致车辆伤害事故

1. 事故经过

2015 年 5 月某日，某施工单位与某设备租赁公司签订"工程机械吊装作业合同"，约定由设备租赁公司的 QUY650 型履带起重机实施某化工公司 4# 气化项目大型设备的吊装。7 月 17 日 19 时 40 分开始，用超起专用副臂工况（超起半径 14m，主臂 78m，专用副臂 12m，超起配重总重 270t），以 20.5m 的幅度对重量 284.5t、高48m、内径 6.8m 的环乙醇分离塔进行了试吊装，20 时 20 分结束试吊装。

7 月 18 日 6 时 25 分继续采用该履带起重机的超起专用副臂工况，以 19.1m 幅度吊装该环乙醇分离塔，将环乙醇分离塔吊起底部高过管廊（高度 5m 左右），上车向左回转约 160°后将环乙醇分离塔下降至离地面 1m 左右，开始带载向东行走，此时吊臂朝东南方向与履带之间的前夹角约 20°，塔的东西两端各有 1 条牵引绳，分别由 3 人进行控制。

7 时 50 分左右（起重机安全监控装置在 7 时 49 分 54 秒最后一次显示过载），行走至管廊东 36.6m 处，履带起重机吊臂向北偏东方向垮塌，主臂、专用副臂倒向北面相邻进行土建施工的工地，履带起重机吊臂砸在该工地一台塔式起重机的平衡臂上，致使该塔式起重机整体向北倾覆，履带起重机臂架系统及该塔式起重机整机砸向该工地的作业面，造成土建施工人员 5 死 3 伤，履带起重机司机轻微伤。

2. 事故原因分析

1）直接原因

起重机司机违反产品使用说明书和操作规程要求，此工况下履带起重机不得带载行走，不得超载运行；起重机行走至距管廊东 36.6m 处，路基宽度不符合设计要求，行走方向左侧路基发生塌陷，对履带起重机主臂产生侧向力，致使起重机主臂断裂。

2）间接原因

设备租赁公司对安全生产教育培训重视不够，从业人员安全意识淡薄；配备的特种设备安全管理人员不符合有关规定；对流动式起重机械及从业人员疏于管理。

建设单位化工公司违反合同要求组织实施石渣路基建设，石渣路基投入使用前没有组织总体验收；没有及时制止该履带起重机使用未经总体验收的石渣路基从事吊装作业活动；对作业各方协调不力，对安全隐患排查不全面，安全监督、安全检查不到位。

施工单位虽然制订了《己内酰胺高塔设备卸车安全施工方案》，对二期己内酰胺新建肟化、重排、硫磺框架建设周围环境、与土建使用的塔吊同时作业时防止碰撞、杜绝土建施工人员进入吊装现场等情况进行了明确，但未能预料履带起重机垮塌、未能预料履带起重机垮塌后砸向北侧施工工地的情况；安全教育培训、安全管理不到位，从业人员安全意识不强。

3. 事故预防措施

（1）起重机司机应执行产品使用说明书和操作规程要求，不得随意带载行走。

（2）起重机不得超载运行。

（3）起重机履带所处地面应平整坚实，不得下陷。

## 二、桥式（门式）起重机案例分析

### （一）起重机卸载致小车脱轨事故

1. 事故经过

2018 年 9 月某日，某企业的机械加工车间，一台桥式起重机在吊运钢板的过程中，捆扎钢板的钢丝绳断裂，突然卸载导致起重机小车弹跳，小车被弹起后从小车轨道脱轨，小车的一侧未能落在主梁上，并从两根主梁中间坠落到车间地面。事故造成小车车架变形，起升机构、小车运行机构均损毁，无人员伤亡。

**2. 事故原因分析**

1) 直接原因

吊装过程中捆扎钢板的钢丝绳断裂，突然卸载导致起重机小车弹跳坠落。

2) 间接原因

（1）现场管理不规范，运输钢板的汽车司机私自违规操作起重机，误拿有损伤的钢丝绳吊装钢板，现场管理人员未能及时监管和有效制止；有损伤的钢丝绳未及时回收报废或设置醒目标志。

（2）起重机小车未设置防脱轨装置。偏轨箱形梁在电动葫芦桥式起重机上应用广泛，但该起重机在小车脱轨的情况下，小车发生坠落的概率比传统的正轨箱形梁起重机大得多。

**3. 事故预防措施**

（1）规范现场管理，制定严格的外来人员及非作业人员监管要求并有效落实。

（2）专人负责吊索具判废和限制使用程序，把报废及限制使用的吊索具集中管理。

（3）在起重机小车上增加四个防脱轨安全钩，安全钩固定在小车架上且与主梁上翼缘板有一定的间隙。当出现起升钢丝绳或捆扎钢丝绳的破断时，安全钩可以钩住起重机上翼缘板，防止小车跳起脱轨或脱轨导致小车坠落事故的发生。

**（二）违章操作致机械伤害事故**

**1. 事故经过**

图 5-15　构件碰撞瞬间

2017 年 12 月某日，某桥梁钢构有限公司生产车间发生一起物体撞击、挤压事故。工人利用一台 20t 通用桥式起重机把板车上的 H 型钢构件进行转运，经桩柱 B49 与桩柱 B50 之间时构件发生摆动，对站立在构件与桩柱 B49 之间的一名人员李某造成物体撞击，继而挤压，致使其死亡，事故经过如图 5-15、图 5-16 所示。

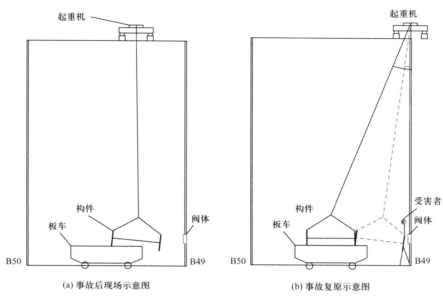

图 5-16　事故经过示意图

2. 事故原因分析

1）直接原因

起重机操作人员段某在未确认指挥信号、未对周边安全状况进行检查确认的情况下，违规直接操作起重机起吊钢梁，由于起重机斜拉起吊钢梁，在起升时发生了水平偏移并撞向李某，导致李某挤压身亡。

2）间接原因

（1）事故单位落实安全生产主体责任不到位，相关管理人员责任不落实，起重机械安全技术规范和作业指导书对起重作业没有起到指导作用，作业人员的安全教育和培训内容在起重作业中未得到落实。

（2）作业前安全检查不认真不到位，未及时纠正违章作业行为，导致起吊作业过程中未遵守安全技术规范和作业指导书要求，现场安全管理员也未及时制止违规作业。

3. 事故预防措施

进一步强化承包商作业人员安全教育培训和作业现场安全监督，落实安全生产主体责任，对起重机操作人员实施针对性地就吊物状态、周边环境和人员站位等判断识别能力进行培训，提高其风险辨识能力和操作技能水平。

（三）起重机未固定致设备倾覆事故

1. 事故经过

2016 年 4 月某日 21 时，冯某操作事故起重机进行钢筋吊运作业，工作完成后将事故起重机停放在 3 号生产线离轨道事故端 116m 处，停机后没有将夹轨器放下并夹紧轨道。至事故发生前，事故起重机没有作业。2 日后 2 时起，受到一条长约 500km 的飑线影响，所在地出现了 8～10 级、阵风 11 级以上强对流天气，在风力作用下，起重机沿轨道向生活区集装箱组合房方向移动并逐渐加速，到达轨道终端时，撞击止挡出轨遇到阻碍，整机向前倾覆。倾覆后的起重机压塌部分集装箱组合房，造成居住在集装箱组合房内的人员重大伤亡。事故造成 18 人死亡、33 人受伤，直接经济损失 1861 万元。

2. 事故原因分析

1）直接原因

起重机遭遇到特定方向的强对流天气突袭，夹轨器在起重机待机时处于非工作状态，受风力作用影响起重机移动速度快、惯性大，撞击止挡出轨遇阻碍倾覆。

2）间接原因

（1）特种设备使用管理不到位。管理单位未建立且未落实特种设备岗位责任、隐患治理、应急救援及吊装作业安全管理制度；现场未安排专门人员进行安全管理，现场指挥人员配备严重不足；特种设备作业人员不具备操作资格上岗作业的问题严重。对灾害性天气防范工作认识不足，未发现事故起重机夹轨器处于非工作状态，未能及时采取措施消除隐患。

（2）安全生产主体责任不落实。建设单位违法组织建设集装箱组合房，选址未进行安全评估，未保持安全距离。作为项目发包方，以包代管，对承包单位监督检查不到位，未发现长期存在的特种设备作业人员习惯性违章和不具备操作资格上岗作业等问题，导致有关作业人员长期习惯性违章操作。对灾害性天气防范工作认识不足，面对恶劣天气，未组织采取有效防控措施，未发现事故起重机夹轨器未处于工作状态。

3. 事故预防措施

（1）加强起重机安全管理。起重机使用单位严格落实起重机安全管理各项制度，建立安全技术档案，完善安全操作规程，设立安全管理机构或配备安全管理人员，定期进行安全性能检验，加强日常安全检查和维护保养；严格落实起重机作业人员持证上岗制度，核实并确保起重机作业人员资格证真实、有效。

（2）规范施工现场临时建设行为。工程建设单位要加强施工现场集装箱组合房、装配式活动房等临建房屋的安全管理，办公、生活区的选址应当符合安全要求，将施工现场的办公、生活区与作业区分开设置，并保持安全距离；建立并落实施工现场集装箱组合房、装配式活动房等临建房屋的安全风险评估及专项安全检查制度。

（3）加强灾害性天气安全防范。加强气象灾害监测预报、预警信息发布和传播、防雷减灾、气象应急保障、人工影响天气等气象灾害防御工作，强化并落实灾害性天气可能诱发事故的风险评估和预警。督促气象灾害防御重点企业完善应对灾害性天气的应急预案，经常性地开展应急演练，及时转移、撤离现场作业人员。

（四）违章操作致高处坠落事故

1. 事故经过

2023 年 7 月某日 13 时 51 分许，泰州市某金属制品公司进行退火炉烧嘴吊装作业过程中发生一起重伤害事故，导致 2 人死亡，直接经济损失 290.822 万元。

13 时 2 分左右，7 人进入作业区域开展退火炉安装作业，其中张某裕、张某 1、孙某军、张某 2 四人为外派安装人员；王某、李某俊为辅助安装工作人员；郇某峰为汽车起重机司机。事发时，张某裕、张某 1 和郇某峰在退火炉北侧进行退火炉上排烧嘴的安装，孙某军、李某俊和王某在车间东端进行天然气管道切割作业，张某 2 位于车间西端整理氧气管和乙炔气管。13 时 39 分，张某裕和张某 1 完成了第 6 节炉体上排烧嘴的安装工作，郇某峰操作汽车起重机将张某裕和张某 1 从安装烧嘴的作业面通过吊篮运回地面，然后张某裕跨出吊篮走向车间的东侧搬运烧嘴，共搬运了 4 个烧嘴装入吊篮内。13 时 49 分，张某裕进入吊篮与张某 1 一起，之后郇某峰操作起重机提升了吊篮。13 时 51 分，郇某峰在调整吊篮位置时，副吊钩顶到滑轮致使钢丝绳断裂，张某裕和张某 1 随着吊篮从高空坠落，两人摔出吊篮跌落至地面。事故经过见图 5-17、图 5-18。

2. 事故原因分析

汽车起重机起升限位装置失效，吊钩与滑轮反复挤压，致使钢丝绳承受超负荷拉力和摩擦力断裂，从而吊篮及人摔落至地面。

图 5-17　事故发生现场

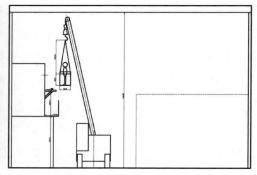
图 5-18　吊装作业示意图

1）直接原因

（1）张某裕和张某1未持有特种作业资格证，在未佩戴劳动防护用品的情况下，冒险乘坐吊篮进行高处作业。

（2）汽车起重机副吊钩的起升限位装置缺失，副吊钩提升至极限位置后，设备无法自动停止作业、无法报警提醒。

（3）郇某峰违反起重作业安全管理规定，违规操作汽车起重机使用吊篮载人。明知起重机安全装置缺失，继续带病作业；错误操作起重机，致使钢丝绳承受超负荷拉力和摩擦力断裂。

2）间接原因

（1）施工单位现场安全管理不到位，未制定退火炉安装施工方案，未安排专门人员进行现场安全管理，未根据本单位的生产经营特点，对安全生产状况开展经常性的检查。（2）施工单位安全管理机制不健全。在企业日常管理过程中未落实生产安全事故隐患排查治理制度，未采取技术、管理措施，及时发现并消除事故隐患，未制定退火炉安装、吊装作业等安全操作规程并监督实施。（3）施工单位安全防护用品配备和教育培训不到位。未为从业人员提供完备的劳动防护用品，未监督从业人员按照使用规则佩戴、使用。

**3. 事故预防措施**

加强危险作业安全管理。严格执行吊装、有限空间、高处作业等特殊及非常规作业相关规定，认真落实作业许可制度，安排专人现场监护，杜绝管控走过场；完善落实企业奖惩制度，鼓励员工及时发现和制止违章行为。对一些复合型特殊及非常规作业提出更加安全的施工方法，淘汰落后的、本质安全性差、过度依赖作业人员自行小心注意、国家标准规范和操作规程明令禁止的施工方法。

### （五）人员站位不当致起重伤害事故

**1. 事故经过**

2014年7月某日，某设备制造公司安排钢结构工段综合班用32t龙门吊进行型钢的包装，包装好的型钢放在龙门吊东面轨道外侧距离龙门吊轨道约940mm处。次日，钢结构工段综合班继续进行型钢的包装工作，起重指挥人员寇某站在龙门吊轨道东面驾驶室正对面向龙门吊操作手李某发出向北行驶的指令，寇某则同向行走并走到吊车前面，在寇某走到接近前一天包装好的放置在轨道外侧的型钢时，驾驶室的李某因视线被电机罩阻挡，看不见寇某所在位置，听到其余人员喊叫后立即刹车，但吊车在惯性的作用下，还是撞上了寇某，导致寇某被龙门吊的电机底座和型钢挤压受伤，经抢救无效死亡。

**2. 事故原因分析**

1）直接原因

龙门吊的电机底座和型钢挤压人体，导致人身伤亡。

2）间接原因

（1）32t龙门吊的电机底座伸出东侧轨道900mm，而型钢打包后违章放置在吊车运行警戒区域内仅距吊车轨道940mm，致使作业场地存在严重隐患。

（2）起重指挥人员寇某安全防范意识和自我保护意识差，违章在吊车行进路线上行走和停留。操作人员李某安全意识淡薄，操作时未仔细了解分析吊机作业区域的环境，在吊机指挥人员突然消失在视野时，未及时采取紧急措施。

（3）作业前，未按规定要求进行有效的安全风险识别和防范。反违章禁令落实不严格，反习惯性违章违规活动开展不深入，没有培养员工按章操作的习惯。作业现场安全监督管理不力，未能及时发现和排除安全隐患。

**3. 事故预防措施**

（1）所有作业必须严格遵守安全操作规程，坚决杜绝"三违"行为。

（2）强化员工安全培训，切实提高员工安全技能和意识。

（3）加大生产现场安全监管力度，完善安全监管机制和人员配备，规范现场安全监管内容。

## 三、塔式起重机案例分析

### （一）塔式起重机折臂致起重伤害事故

**1. 事故经过**

2015 年 7 月某日，河北某公司的履带起重机在己内酰胺项目建设施工工地上进行设备吊装作业，19 时 40 分开始，用超起专用副臂工况（超起半径 14m，主臂 78m，专用副臂 12m，超起配重总重 270t），以 20.5m 的幅度对重量 284.5t、高 48m、内径 6.8m 的环乙醇分离塔进行了试吊装。第二日 6 时 25 分左右继续采用超起工况，以 19.1m 幅度吊装该环乙醇分离塔，将环乙醇分离塔吊起底部高过管廊，上车向左回转约 160°后将环乙醇分离塔下降至离地面 1m 左右，开始带载向东行走，此时由 3 人使用牵引绳进行控制。7 时 50 分左右，行走至管廊东 36.6m 处，履带起重机吊臂向北偏东方向垮塌，主臂、专用副臂倒向北面相邻进行土建施工的工地，致使工地内塔式起重机整体向北倾覆。事故造成 5 人死亡，4 人受伤，直接经济损失约 1486 万元。事故经过见图 5-19、图 5-20。

图 5-19　履带吊倒塌　　　　　　　图 5-20　履带吊行走方向路基塌陷

**2. 事故原因分析**

**1）直接原因**

违反 QUY650 履带起重机使用说明书和操作规程要求，违规减少 30t 配重，超载运行且带载行走，操作人员擅自改变履带起重机操作工况，在行走至距管廊东 36.6m 处，行走方向左侧路基发生塌陷，对履带起重机主臂产生侧向力，致使起重机主臂断裂。

2）间接原因

（1）特种设备安全管理人员及项目安全管理人员持证上岗落实不到位。

（2）施工单位落实安全生产责任制不严格；违反合同要求组织实施石渣路基建设，石渣路基投入使用前没有组织总体验收；没有及时制止该QUY650履带起重机使用未经总体验收的石渣路基从事吊装作业活动；对作业各方协调不力，对安全隐患排查不全面，安全监督、安全检查不到位，对事故承担主要责任。

（3）起重机焊接质量检验控制不严格，致使履带起重机主臂根部存在焊接缺陷，降低了履带起重机过载能力，负有次要责任。

**3. 事故预防措施**

落实企业主体责任，加强对大型设备吊装现场监管，对带载行走作业严格控制速度和距离，对超载或超载潜势重点监测和控制。大型设备吊装现场，带载行走作业重点关注地基处理是否符合行走要求，采用坚实稳定的地基。避免履带吊打击范围内，同一时间其他工种交叉作业，减少起重机倾覆打击伤亡可能性。

## （二）交叉作业失稳致起重伤害事故

**1. 事故经过**

2015年12月某日，青岛体育中心辅助训练场项目工地按工程进度在进行防水、钢筋绑扎、木工支模和混凝土浇筑等作业。13时左右塔机开始工作，1号塔机司机谢某在信号工魏某的指挥下将一个水箱从6区吊往7区，此时4号塔机司机金某在信号工徐某的指挥下从钢筋加工场吊载钢筋顺时针转向1号塔机，在回转过程中进入1号塔机作业范围，在没得到4号塔机指挥人员信号的情况下继续回转并发生干涉。在突发外力的作用下，4号塔机整机向东南方向失稳倾覆，1号塔机起重臂向下倾斜失稳，将地面多名工人砸伤。事故造成3人死亡，6人受伤，直接经济损失420.8万元。

**2. 事故原因分析**

1）直接原因

4号塔机与1号塔机超过其额定起重力矩作业，在超载状态下发生干涉并处置不当导致事故发生。

2）间接原因

（1）施工单位安全生产法治观念和安全意识淡薄，安全生产主体责任不落实，项目建设中存在着严重的违法违规行为。1号、4号塔吊司机及信号工均无特种作业人员考核合格证，缺乏相应的专业技能及安全知识，所持有的资格证均系伪造。

（2）安全生产检查不到位。未按青岛市建委建管局要求每月对项目进行两次检查，所提供的检查记录系伪造；在检查过程中未发现塔吊平衡重安装错误等事故隐患。

（3）工地塔机和起重作业管理混乱。《塔吊工程施工方案》编制不细致，没有制定专门的交叉作业管理制度，也未认真组织起重作业人员进行安全技术交底。未严格落实群塔作业方案要求，施工现场各工种有多人配备对讲机，自行指挥塔机司机吊运物料；对塔机维护保养不细致，未发现塔机力矩限制器失效的安全隐患；未按规定读取塔吊防倾翻记录仪数据并将数据上报监理单位，在监理单位多次提出警告并下达"监理通知单"要求整改后拒不整改。

3. 事故预防措施

（1）在建设工程安全生产管理中，要严格落实建设单位的法定义务，依法办理建筑工程施工许可证，组织制订安全施工措施，加强工程项目安全生产过程管理和监控。

（2）要定期组织监理、施工等相关单位对施工现场进行安全检查，对存在的安全隐患组织整改，加强隐患排查治理工作力度。

（3）做好施工现场安全管理，要加强对特种设备作业人员、特种作业人员从业资格的审查，加强从业人员的教育培训，加强班组管理、岗位管理和现场管理。

（4）规范项目部用工管理。要深刻总结此次事故中暴露出的劳务用工临时招募、管理松散等问题，加强用工管理，要针对当前建筑市场用工实际，培养一批经验丰富、相对固定的劳务队伍，发展一批技术能力强、安全意识高的劳务骨干。

（5）加强群塔作业管理。建立群塔作业统一管理组织和管理网络，明确作业组织者、塔吊司机、信号工及维护保养人员的职责，对现场使用和管理进行统一安排、使用和指挥。要根据群塔作业的特点和风险因素编制施工方案和操作规程，安全技术交底和教育培训工作要做实做细。对可能出现的塔吊群干涉碰撞，根据风险评估分级，提出有效预防措施。

## 四、其他类型起重机案例分析

### （一）吊物滑脱致物体打击事故

1. 事故经过

2015 年 3 月某日，某锻造有限公司电工张某在更换起重机导绳器的过程中，选用的外购导绳器导绳块与原装导绳器连接板不匹配且安装不到位，4颗紧固螺栓只拧上3颗。一周后，锯料工龚某吊运钢棒过程中，固定螺栓逐渐松动脱落，电动葫芦导绳器在吊钩下降过程中被整体拉出沿钢丝绳滑落并砸中其头部，龚某经抢救无效死亡。事故现场见图5-21、图5-22。

图5-21　事故发生瞬间　　　　　图5-22　事故发生后现场照片

### 2.事故原因分析

**1）直接原因**

更换起重机导绳器时安装不到位，使用过程中固定螺栓逐渐松动脱落，导绳器沿钢丝绳滑落打击作业人员并致死亡。

**2）间接原因**

（1）安排不具备维护保养能力的人员维修起重机，对设备故障报修缺少有效管理。

（2）未按照电动葫芦说明书要求对导绳器是否松动、损坏或脱落进行检查。

（3）员工佩戴的安全帽已超过使用有效期。

### 3.事故预防措施

企业应对起重设备及配件进行规范的维护保养。按规定对特种设备进行经常性维护保养和定期自行检查，做好对相关人员的责任心教育、安全教育和技能培训，保障特种设备使用安全。选择具有相应能力的专业化、社会化维护保养单位对起重机进行维护保养。及时更新存在过期、失效、破损等问题的员工劳动保护用品。

（二）歪拉斜吊致起重伤害事故

1. 事故经过

2004年6月18日，某石油勘探局油建公司某工程项目部一作业机组采用70t吊管机进行布管作业，吊管机侧面吊管时因重心在后侧，正向行驶时容易倾翻，且驾驶员观察视线存在盲区。因此，施工前经研究决定，吊管机采用倒向行驶的方式吊管。为防止行驶过程中，吊管晃动撞击吊臂或旁边的山体，破坏管线及管壁防腐层，在吊起的管线两端捆绑牵引绳，分别由1名作业人员操作。吊管机倒向行驶70m左右时，在吊管机倒向行驶方向手持牵引绳的1名作业人员摔倒，未被及时发现，被吊管机履带碾压致死，事故经过见图5-23。

图 5-23　事故现场

2. 事故原因分析

1）直接原因

作业人员被凹凸不平的地面绊倒，被吊管机履带碾压。

2）间接原因

（1）作业地带狭窄，活动区域小：作业地带为山地断沟带，起伏坡度在20°左右，坡长约260m，一侧为管沟，一侧为山丘，作业带通道狭窄（宽度4.6～4.7m），作业人员绊倒后，吊管机正好行驶至作业地带最窄处，无法避开吊管机的行进路线。

（2）牵引绳较短：针对特殊管线8m长短管（唯一一根），没有考虑使用增长牵引绳，手持牵引绳的作业人员与管线侧的安全距离不足 1m，倒地后无法及时爬起躲避。

（3）吊管机操作手视听受限：一是视觉受限。吊管机上坡倒行，操作手视线被后侧油箱吊架支撑等物体的阻挡，无法及时发现跌入后面视线盲区的作业人员。二是听力受限。吊管机上坡倒行时马力加大，发动机噪声较大，操作手无法听清作业人员跌倒后的呼喊。操作手在回头观望视角与听觉处于障碍的情况下，没有依照操作规程采取必要的安全防范措施加以预防控制。

3. 事故预防措施

（1）作业前，应进行工作前安全分析，针对具体施工阶段，分析作业内容、作业环境、设备安全、防护设施、施工方案、监督管理等各环节存在的风险。本次施工中，识别出了吊管机倾翻、管线晃动打击等作业风险，采取了设置监护人员、吊管机倒行吊管、设置牵引绳等作业措施，但忽视了作业措施所带来的牵引绳短、上坡时作业人员跌倒等新增风险。

（2）风险管控措施必须注意工作细节，应明确牵引绳种类与长度、操作人员行走标准、安全监护人的设置、作息时间管理与控制、两人以上作业时的相互监护等内容。

（3）针对视听受限的实际情况，应完善作业设备设施，配置对讲机、扩音器、口哨等警示信号联络设施。

## 五、非常规吊装案例分析

### （一）三机协同吊装致起重伤害事故

1. 事故经过

2002 年 3 月某日，某炼油厂 140×10 万吨年延迟焦化装置扩能改造项目工程，采用主吊车（主臂为 85.3m，回转半径 32m，额定起重量为 307.6t）和 2 台汽车起重机（225t，200t）配合抬吊，吊装焦炭塔（总质量 261.749t）。某安装公司顾某、许某根据机械化施工公司提供的有关技术资料和口头交代的基础施工办法，编制了重大设备塔架吊装施工方案，并经副总工程师陈某批准。

3 月 13 日吊车安装完毕，考虑到 680t 吊车基础沉降问题，机械化施工公司主任郎某与吊装技术负责人王某研究后，在环形轨道下选择 6 处抽去了部分铁墩，改用 13 块钢质路基箱如期吊装。15 日开始吊装工作，主吊车作业时回转半径实际约为 29m。抬吊时，主吊车吊着塔顶，2 台汽车起重机抬着塔尾。10 时 35 分，当主吊车提升至塔底高度约 18m 时，停止提升，主吊车开始向左（逆时针）回转，旋转约 2m，主吊车的臂架系统发生斜向倾倒，主吊车的吊臂和所吊装的焦炭塔向一侧的焦炭塔钢结构及焦炭塔安装平台倾倒，伤及正在钢结构上施工的某防腐公司 14 名作业人员，当场造成 5 人死亡，10 人受伤。

2. 事故原因分析

1）直接原因

没有进行按场地工程地质条件、吊机基础压力与基础平整度要求进行完整地基基础设计与施工，使吊机环轨梁下地基承载力严重不足。

2）间接原因

该吊装工程的施工是根据"140 万吨 / 年延迟焦化装置重大设备、塔架吊装施工方案"实施的，而该方案在编制中未按"M4600 吊机环轨基础图"上的技术参数进行吊机基础施工设计。另外，还听取了某个工程管理人员的错误口头建议，对在安装吊机时发现基础部分地面有渗水和沉降现象未引起足够重视，仅采取在六个部位抽去部分铁墩，改用十三块钢质路基箱增加支承面积来减少对基础压强的简单"加固"措施，而对于承载吊机和重物的基础是否符合技术要求没有进行验证。

3. 事故预防措施

（1）当出现基础沉降，不得进行吊装，要重新考虑吊装方案，更换吊车、改变位置。

（2）编制吊装作业方案，要核准，不能因错误的吊装方案，如吊车选择错误，为节省成本采用起重能力小的吊车等而导致事故发生。

（3）多吊车协同吊装，是高风险作业，在编制好吊装作业方案的同时，要注意协同溜尾吊装、协同抬尾吊装、协同双机抬吊的截然不同，不能实际为抬尾吊装、双机抬吊，却按照溜尾吊装来选择吊车的起重能力。

（4）多吊车协同吊装，存在起重负荷分配难以控制、实际载荷难以准确计算、各吊车互相影响的问题，在选择吊车的起重能力时留有较大余量，临界操作极易发生事故。

（5）吊装作业现场，不得同时有人员交叉作业，吊装前要清场。

### （二）风力过大致起重机倾覆事故

1. 事故经过

2013 年，某施工单位承包某化工公司的火炬吊装工程，5 月 20 日，开始起吊火炬塔，吊装工程开始施工。5 月 20 日上午第一节火炬（重量 135t）吊装成功；5 月 21 日上午起吊第二节火炬（重量 110t），在已起吊的情况下，因风力过大，于当日 10 时左右停止作业，此时未完全卸载，也没有稳固放置在地面。5 月 22 日约 6 时，施工单位经理武某携起重机副司机张某等五人，按照 21 日与火炬塔安装单位约定的时间到达现场，在安装单位安装人员、起重机机长刘某均未到达现场和指挥人员未就位前，副司机张某直接进入起重机操作室，于 6 时 2 分，发动起重机并进行工况设置和相关作业操作，6 时 27 分起重机沿着与起吊方向垂直的履带行走方向向西发生侧翻倾覆，使起重机侧翻约 90°，造成起重机臂架损毁、卷扬系统损坏、部分安全装置、电气系统、回转系统损伤，配重块散落。造成现场一辆奥迪 A4 车、一辆农用四轮车和一辆拖拉机车斗、管廊工程办公室（帐篷）及室内用品（电脑、打印机等）被倒下的臂架砸坏，物品不同程度受损，无人员伤亡，直接经济损失约 1206.41 万元。

2. 事故原因分析

1）直接原因

起重机副司机张某在没有接到作业指令、现场无监护人员和无指挥人员的情况下违章独立作业，出现危险状况时，没有采取有效应急措施消除或减缓危险。

2）间接原因

（1）施工单位现场管理不力，未严格按照吊装方案的要求组织施工；制作的地基地耐力不均匀，起重机倾覆后的履带着地区域地耐力偏低；施工单位现场管理人员未对起重机停止作业后带载停放行为进行纠正，对操作人员疏于管理。

（2）建设单位化工公司现场监管不力，未在吊装前对吊装条件与监理公司组织联合检查；在未认真核实起重人员及资质是否满足规定要求的情况下。

（3）监理公司未尽到监理职责，未及时发现存在的安全隐患，对地基验收把关不严，未认真检查各项安全措施；未对起重机停止作业后带载停放行为进行纠正；对副司机张某没有按照规定备案进行检查和纠正；未在吊装前对吊装条件与化工公司组织联合检查。

### 3. 事故预防措施

（1）现场不定期开展特种设备专项检查，发现和消除事故隐患。

（2）建设单位、施工单位及监理单位等要全面落实企业安全生产主体责任，认真制定和严格执行有关特种设备安全管理的各项规章制度和安全操作规程，加强作业人员安全教育培训，切实治理违章指挥、违章作业和违反特种设备安全管理的各种非法行为。

（3）建设单位、施工单位及监理单位等要加强外来、外派施工人员管理，严格审查外来施工单位资质、人员资质，认真履行建设单位、施工单位和监理单位的安全管理职责，加强现场安全生产的管理，避免特种设备事故的发生。

## 第四节　吊装作业常见问题解答

**问题一**

**在钢丝绳与重物的棱角处未采取保护措施会造成什么后果？**

吊运的物件边缘处较锋利，起吊过程中钢丝绳与棱角接触摩擦，钢丝绳受到张力影响，特别在荷载较大时钢丝绳塑性增加，如果重物的棱角处与钢丝绳子间不加设衬垫保护继续作业，最终会造成钢丝绳弯折、磨损、切割或断丝，导致钢丝绳提前报废，严重时钢丝绳断裂，吊物下砸从而引发事故。

应加强司索人员岗位责任心教育，认真做好吊装前的安全检查，在与钢丝绳接触的重物的棱角处垫上胶垫或半圆管形衬套等，以起到保护钢丝绳（或设备）的作用。

**问题二**

**作业时钢丝绳与电焊把线及其他电源线接触会造成什么后果？**

当起重作业时，钢丝绳与电焊把线相接触，会磨破把线的绝缘层，产生电火花灼伤、熔断钢丝钢绳的钢丝，导致钢丝绳的承载能力下降直至报废，施工时没有发现时则会出现钢丝绳断裂，吊物下砸从而引发事故。钢丝绳与电源线相接触磨破导线的绝缘层时，导致钢丝绳带电，整个作业面处于带电状态，造成触电事故的发生。

制订施工方案及具体设置机具时，应尽量避免吊装和电焊交叉作业，当无法避免时，应采取隔离、绝缘防护措施，专人观察监护，人员使用绝缘辅助工具，避免直接接触吊物；吊装作业钢丝绳与高压的输电线的最小距离应符合相关安全规定。

### 问题三
#### 采用两台或两台以上轮式起重机抬吊设备时，由于操作不同步或失误使其中一台轮式起重机超出额定起重载荷会造成什么后果？

由于各轮式起重机的性能、状况不相同、司机操作的不同步或者失误，均可能导致某一台轮式起重机超载而出现车毁人亡的局面。

为规避此类风险，采用两台或两台以上轮式起重机抬吊设备时，应降低各轮式起重机额定起重能力至80%；同时加强上吊司机的培训，加强上吊司机间的配合，以保证各台轮式起重机运行的同步；同一吊点上两台轮式起重机型号须相同，若采用两台不同型号的轮式起重机时，轮式起重机能力应按起重量小的一台计算，或者加平衡梁予以分配；采用两台或两台以上轮式起重机抬吊设备时做好"一吊一许可"，制订好管控措施，所有吊车必须有一人统一指挥，信号明确。

### 问题四
#### 不合理选择起吊点会造成什么后果？

随意捆扎或挂钩起吊，吊运的重物在提升过程中碰到异形或不规则的重物时，可能造成倾斜或倾翻、转动等危险现象，甚至于发生脱钩，危及施工人员的安全。应严格落实各项吊物的吊点选择，起吊物件有吊耳的，应采用设备上的吊耳起吊；起吊长件物体时，吊点应在重心的两侧，并使起吊点与重心在一个铅垂线上；正方形的物体，应有四个或三个吊点，并且吊点应沿重心均匀分布；采用试起吊的方法确定吊物重心，合理选择吊点。

### 问题五
#### 吊物上站人起吊会造成什么后果？

吊物上站人起吊是非常危险的违章行为。钢丝绳破断或其他起重安全装置失灵，造成吊物坠落的伤人事故。塔吊、汽车起重机等不是专门载人升降的施工升降机，它本身的机械性能和传动装置、安全性能也不具备载人的安全技术要求。所以塔吊、汽车起重机在起吊过程中，吊物上绝对不能站人。

应加强对施工现场作业人员的安全教育，特别是对能接触起重机械和配合起重作业人员，进行"十不吊"宣传和起重常识教育，自觉遵守安全规章制度，操作人员要坚持原则，吊物上站人坚决不吊。

### 问题六
### 吊钩、卸扣磨损超标或存在缺陷会造成什么后果？

吊钩在使用过程中，受到的荷载和磨损会逐渐导致其表面产生沟槽缺陷，会导致吊钩的承重能力严重降低，沟槽缺陷容易导致吊钩断裂，危及使用人员的安全。

吊钩检查发现以下情况应予以报废：

（1）吊钩下部的危险断面和钩尾螺纹部分的退刀槽断面有裂纹的。

（2）吊钩危险断面的高度磨损量达到原尺寸10%的。

（3）开口度比原尺寸增加10%的。

（4）扭转变形超过10°。

（5）危险断面或吊钩颈部产生塑性变形的。

（6）板钩衬套磨损达到原尺寸50%的，衬套应予报废。

（7）心轴磨损达原尺寸5%的，心轴应予报废。

卸扣检查发现以下情况应予以报废：

（1）任何部位产生裂纹的。

（2）销轴和扣体断面磨损超过名义尺寸10%的。

（3）扣体和销轴发生明显变形，销轴不能自如转动或螺纹倒牙、脱扣的。

### 问题七
### 万向轴安装拆卸过程中花键脱开会造成什么后果？

万向轴在两端固定时花键靠齿轮啮合不会脱出，但失去固定点后，花键就会脱成两节，且吊装一般用两根绳套，两侧受力或一端不均匀受力均会导致花键脱开掉落造成物体打击。在拆卸安装过程中必须先用铁丝将花键固定，吊点应选择在花键两旁十字头处，防止吊装作业过程中花键脱开砸伤人员。

### 问题八
### 吊装循环罐、大底座等吊点部位有障碍物的吊物，作业中存在棱刃而容易切割绳套，如果不采取措施会造成什么后果？

循环罐采用折叠式护栏，护栏的插孔、飘台的固定、大底座吊耳附近的突出部分会对吊点造成影响，绳套挂好后，这些突出的部位的棱刃部分有可能造成吊索具的应力破坏从而导致绳套变形或断绳情况发生，严重时在起吊的过程中钢丝绳断裂吊物下砸。在现场允许的情况下，应尽量改变吊点或者棱刃的位置或在棱刃处加衬垫；或者改变吊索具的长度以改变吊装角度，这样就能避开棱刃，从而防止棱刃切断吊具。

### 问题九
**轮式起重机使用中，其尾部与建筑物或设施之间距离小于 0.5m 会造成什么后果？**

一般市区施工场地狭小，在布置轮式起重机位置时，可能造成轮式起重机安装就位后与建筑物之间距离很小。使轮式起重机不能 360°回转。如施工人员从塔吊边上通过时，正好回转过来还可能因人员避让不及造成挤压伤害。为规避此类风险，摆放轮式起重机时留有充分余地，使轮式起重机尾部与周围建筑物或设施之间，应保持最小 0.5m 的距离；使用过程中，应在尾部与设备设施处设置警示标志，必要时禁止行走及堆物。

### 问题十
**下回转塔吊在满载时，左右回转范围超过 90° 以上会造成什么后果？**

下回转塔吊在满负载时，起重力矩已达到了设计的额定负载，当左右回转范围超过 90°以上时，塔吊的倾覆力矩发生了变化，垂直吊运转到横向吊运，如地基坡度、风荷载及回转时产生的离心力等不利因素凑合在一起，塔吊很容易发生倾覆。

### 问题十一
**设备正式吊装前不检查会造成什么后果？**

起重吊装作业是一个综合的系统工程，任何一个环节在吊装前检查不到出现问题，就会导致整个起重作业的失败。准备工作完成后，应组织大检查，确认无误后经技术领导签认方可正式吊装，检查主要内容如下：

（1）施工机具的规格和布置与方案是否一致便利操作。

（2）机具的合格证及清洗、检查、试验的记录是否完整。

（3）隐蔽工程如地锚、桅杆地基等的自检记录。

（4）工件的检查、试验及吊装前应进行的工作是否都已完成。

（5）工件的基础，地脚螺栓的质量、位置是否符合工程要求。

（6）基础周围回填土的质量是否合格。

（7）施工场地是否坚实平整。

（8）吊物运输所经道路是否已经按要求整平压实。

（9）桅杆是否按规定调整到一定的倾角，拖拉绳能否按分配受力。

（10）供电部门是否能保证正常供电。

（11）气象预报情况。

（12）指挥者及施工人员是否已经熟悉其工作内容，是否清楚其岗位职责。

（13）辅助人员是否配齐。

（14）备用工具、材料是否备齐。

（15）一切妨碍吊装工作的障碍物是否都已妥善处理。

（16）其他有关准备工作是否就绪。

### 问题十二
### 斜拉歪吊作业会造成什么后果？

斜拉歪吊作业是一种违章行为。当吊物不垂直时，就产生了斜吊，从吊物的位置到吊钩垂直位置之间，产生了一个距离。起吊作业中往往由于塔臂幅度不够，或者机操人员怕麻烦不愿再开过来一点，或者动一下变幅使其吊点垂直，而是只松吊钩让地面人员拉到吊物处挂钩，这种斜吊1～2m的情况屡见不鲜。就是这1～2m的距离，在起吊过程中产生了地面张拉力，斜吊距离同起重量相乘得出了张拉力矩。如在空中斜吊时张拉力矩比地面的张拉力矩还要大。所以当起重量接近满负荷时，再加上斜吊时增加的张拉力矩就很容易超载造成事故。同时，斜吊过程中起吊速度过快时，吊物受到张拉关系会产生水平分力，向中心摆动，吊物离开地面，就必然向垂直中心摆动，极易与其他重物相撞或伤人。

### 问题十三
### 吊索具无铭牌或合格标识会造成什么后果？

吊索具无铭牌会造成吊索具规格选择错误，发生粗绳吊小件、细绳吊大件的情况。细绳吊大件，绳索载荷不能满足起吊要求，起吊过程中会发生断绳情况；粗绳吊小件载荷虽能满足吊装要求，但由于粗绳绳环大，吊小件会出现吊物遇外力碰撞绳环脱出的情况。

### 问题十四
### 起重机械各类安全装置损坏或失灵会造成什么后果？

起重机上除了力矩限制器外，还有很多安全装置，如上升极限位置限制器、幅度指示器、水平仪、放置吊臂后倾装置、支腿回缩锁定装置、回转定位装置、倒退报警装置、吊钩保险等。这些安全装置如缺乏检修保养，其中一种限位或保险损坏或失灵，就会造成起重机不同程度的损坏，严重的会造成上顶下砸，车毁人亡。轮式起重机驾驶员的违章作业碰到安全防护装置的失灵和损坏，人的不安全行为和物的不安全状态叠加在一起，事故绝对逃脱不了。

 **问题十五**

### 传动滑轮的直径（或者是卷筒的直径）与提升钢丝绳直径之比小于规定要求会造成什么后果？

当传动滑轮的直径（卷筒的直径）与提升钢丝绳直径之比小于规定时，钢丝绳在通过小于直径之比的滑轮组（或者是卷筒）时，钢丝绳受弯处边缘应力集中，反复在滑轮组（或者是卷筒）上弯曲，使钢丝绳的寿命缩短，产生断丝。如放松保养，在钢丝绳子达到报废状态时继续使用，事故就难免会发生。

 **问题十六**

### 散装物件装得太满或捆扎不牢就起吊会造成什么后果？

当起吊散装物品装得太满超出盛器时，或者捆绑不牢靠就起吊，塔吊在提升或下降、回转、行走等机械动作时，必然会产生振动，如下降刹车的振动，钢丝绳在卷筒上排列不整齐同样也会造成振动。这些不良情况就会造成吊物的晃动和抖动，机操人员操作技术的不熟练，也会造成人为事故的原因。

对策及建议：在吊运散装物件时必须有可靠的盛器，装物不能超出盛器，对容易散落的物件应罩上安全网防止受到晃动后滑落，物件捆扎必须可靠，起吊时先将吊物吊起离地 50cm 时，检查捆扎钢丝绳（千斤绳）的捆扎是否贴紧吊物，确认可靠后方能起吊。

 **问题十七**

### 轮式起重机"带病"运行会造成什么后果？

轮式起重机在每天使用前，应进行检查、保养。若检查保养不严格或明知有故障还继续使用，有"毛病"的部位，故障越来越严重，就会造成损坏设备。特别是安全装置有故障的情况下，冒险作业，很有可能造成机毁人亡事故。提升机上的装置随时有可能产生毛病，提升钢丝绳的磨损程度、附墙架有无松动、螺栓的紧固程度、吊盘底木板的腐朽、缆风绳生根处的固定情况等的隐患不经检查是很难发现的。所以在明知有故障和不经检查就使用提升机作业是很危险的。驾驶员必须坚持每天认真做好对提升机的例行检查、保养制度，并做好记录，发现隐患及时整改，验收时做到按规范要求严格、认真、全面细致地检查、试验，同时对机械操作人员进行经常性的操作规程教育与培训。

 问题十八

起重力矩限制器在失灵或不灵敏情况下继续使用，会造成什么后果？

起重机在力矩限制器失灵或不灵敏的状态下使用，操作人员如盲目超载起吊，安全防护装置就起不到作用，严重时造成事故。对起重力矩限制器，必须每天上班前进行检查，测试其灵敏有效程度，如当超过起重力矩范围额定值的110%时，能迅速作出停止动作视为可靠有效，不能立即切断电源，应视其失灵，此时，机构只能作吊钩下降或减小幅度方向的动作，力矩限制器上仪表的指针或读数值，应准确无误，方能使用。